零碳科技

点亮可持续未来

张九天◎主编

北京师范大学出版集团
BEIJING NORMAL UNIVERSITY PUBLISHING GROUP
北京师范大学出版社

图书在版编目（CIP）数据

零碳科技：点亮可持续未来 / 张九天主编 .
北京：北京师范大学出版社，2024.（2025.3 重印）
ISBN 978-7-303-30174-4
I . X511
中国国家版本馆 CIP 数据核字第 20249HP431 号

LINGTAN KEJI:DIANLIANG KECHIXU WEILAI
出版发行：北京师范大学出版社 www.bnupg.com
北京市西城区新街口外大街 12-3 号
邮政编码：100088
印　　刷：北京盛通印刷股份有限公司
经　　销：全国新华书店
开　　本：870mm × 1092mm　1/16
印　　张：6.5
字　　数：124 千字
版　　次：2024 年 10 月第 1 版
印　　次：2025 年 3 月第 2 次印刷
印　　数：10001 ~ 40000
定　　价：46.00 元

策划编辑：曹　敏　　责任编辑：朱前前
美术编辑：袁　麟　　装帧设计：琥珀视觉
责任校对：段立超　　责任印制：李汝星

读者服务电话：010-58806806
如发现印装质量问题，影响阅读，请联系印制管理部：010-58806104

编委会名单

主　编：张九天

编　委：（按姓氏音序排列）

卞兆勇　曹博谦　常　影　陈　程　陈翠勤　程红光　付永硕

何　斌　胡　昊　李春鹏　李睿男　林久标　林丽莉　刘兰翠

孟　喆　沈　群　宋香静　宋晓娜　汪鹏敏　王　阳　王冰妍

王运龙　张　璇　张雅京　赵鲁涛

憧憬绿色未来

我们生活在一个全球气候变暖的时代。人类活动特别是能源和工业活动产生大量的碳排放，导致全球变暖，地球正在遭受严重威胁。我们也生活在一个科技蓬勃发展的时代，科技创新带来了一系列不可思议的奇点和无限可能，零碳科技将塑造出可持续发展的未来世界。

零碳科技是解决气候危机的根本力量。零碳能源技术可以让大自然馈赠的风、光提供清洁电力，让茫茫戈壁上的太阳能光伏板熠熠生辉，让蓝天白云下风能发电机呼呼摇曳。工业流程降碳技术可以让我们的工业过程清洁、绿色，生活环境变得美丽。众多的零碳技术在生活和生产场景中发力，更可以让建筑充满自然光和热能，让零碳出行成为可能。

气候变化作为全球共同面临的挑战，需要所有国家一起努力。我国虽然是发展中国家，但我们一直都在积极参与全球气候治理，已经成为重要的参与者、贡献者、引领者。我们国家要在2030年前实现“碳达峰”，2060年前实现“碳中和”，这更需要零碳科技的创新发展，零碳科技终将引领我们走向一个绿色、健康、可持续的未来。

《零碳科技——点亮可持续未来》从气候变化那些事、哪些场景产生碳、什么技术能减碳、零碳技术总动员、零碳少年在行动五个章节全景式地为少年朋友们展现了零碳科技的总体技术体系以及各项技术概况。希望本书能让少年朋友们了解零碳科技并激发对它的兴趣与热爱，为构建零碳世界作出自己的贡献！

曾毓群 博士

2024年9月于宁德

目录
CONTENTS

气候变化那些事

哪些场景产生碳

什么技术能减碳

零碳技术总动员

零碳少年在行动

气候变化那些事

对于今天的你来说，气候变化可能早已不是个新鲜词。冰川消融、风暴肆虐、洪水与干旱、物种的消失……气候变化带来的种种影响席卷了整个地球，波及我们生产与生活的方方面面。

引起气候变化的罪魁祸首是谁？这里面到底有什么科学道理值得一探究竟？假如情况持续恶化，那么人类是否还来得及采取行动阻止？

现在让我们一起探究气候变化那些事。

气候变化影响知多少

你一定听说过地球正经历着前所未有的“热浪”侵袭，冻土快要变成“热土”。这一切皆是气候变化导致的。我们常说气温上升不过是气候变化的冰山一角，气候变化究竟带来了哪些影响呢？让我们一同深入探寻。

冰川消融：固体水库的消失

被称作“地球固体水库”的冰川储存了大量的淡水资源。根据相关数据显示，1994—2017 年，全球已累计有 28 万亿吨冰融化，这些融化后的水如果均匀分布，竟然能够将相当于整个中国这么大面积的陆地淹没 2.9 米深！令人担忧的是，这种现象还在加剧。在未来几十年或几个世纪，冰川和多年冻土的融化都将不可逆转。

冰川对气候变化非常敏感，它被称为气候变化的指示器；冰川消融会导致大量可用的淡水资源流入海洋，引起淡水资源匮乏；随着冰川消融，一些被冰封的古老病毒可能会被重新释放到环境中。

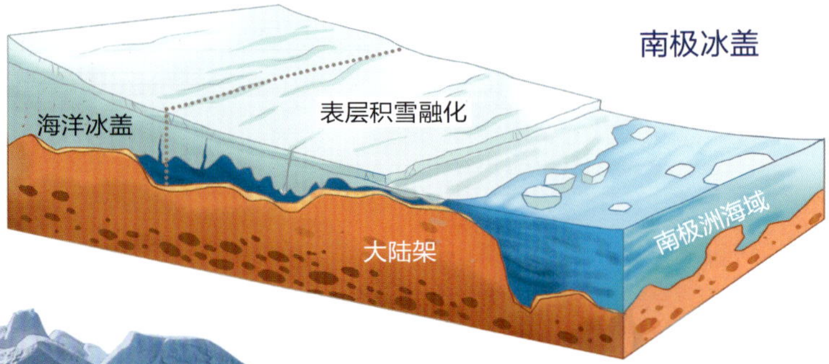

一旦冰川开始消融，就很难停下来

洁白的冰能够把大部分阳光反射回天空，因此大部分热量不会被地表吸收。但当冰融化后，大地裸露出来，深色的土地会吸收更多的太阳光，从而又加速了冰的进一步融化，如此往复形成恶性循环。

在北冰洋，受全球变暖的影响，更多的海冰融化成水。与冰相比，水会吸收更多来自阳光的热量，而升温的水又进一步加剧海冰融化，同样会形成一个不断往复的恶性循环。

海平面上升：淹没陆地与海岛

1993—2023 年，我国沿海海平面上升速率为 4.0 毫米 / 年，高于同时期的全球平均水平（3.4 毫米 / 年）。不要小看这每年几毫米的变化，日积月累的微小改变会引起天翻地覆的变化，我们生存的地球本身就是个大水球，海洋覆盖了地球约 71% 的表面，储存了地球上约 97% 的总水量，不断上升的海平面将会对世界产生深远影响。

全球变暖导致海平面上升，主要有两方面的原因：一是冰川消融，导致海洋中水量增多；二是海水热膨胀，海洋体积就会增加。

世界上大部分人口、经济活动和关键基础设施都集中在沿海地区，全球近 11% 的人口（约 8.96 亿人）生活在低洼海岸。纽约、上海等数个沿海大城市在未来都将受到威胁，而像马尔代夫等面积较小的岛国则面临被淹没的风险。

海平面上升对沿海地区的自然环境和生态有着重大影响，对人类经济社会的影响也是深远的。海平面上升会淹没低洼的沿海地区，侵蚀海岸，还会加剧风暴潮和海水入侵，使土地盐碱化，并危及沿海地区人民的生命财产安全。

生物多样性减少

濒临灭绝的物种

地球上近一半的物种无法应对正在发生的全球变暖，全球有超过3.8万个物种正面临不同程度的灭绝危险，比如北极熊、穿山甲、非洲犀牛等，已被列为濒危的野生动物。

非洲犀牛

白化的珊瑚

失去美丽色彩的珊瑚

珊瑚本身其实是白色的，它的美丽颜色来自共生的海藻，气候变化使得海藻被驱逐出去，从而露出珊瑚本来的白色。失去海藻提供的能量，白化的珊瑚可能会被饿死。

岌岌可危的红树林

红树林是生长在热带、亚热带地区海岸潮间带的湿地木本植物群落。随着海平面不断上升，红树林淹水时间增长和频率增加，严重影响红树林的生长和发育，其生态平衡岌岌可危。受全球变暖影响，全球一半以上的红树林生态系统面临崩溃的风险。

人类健康受到严重影响

传染性疾病增加

气温升高使得蚊虫更加易于生存，出现得更加频繁，登革热、疟疾等传染病的传播风险有所增大。

非传染性疾病发病率增加

极端高温、寒潮等会增加老年人、儿童、孕妇等敏感人群出现中暑、冻伤等健康问题的风险，也会不同程度地增加心脑血管系统疾病的发病率和死亡风险。

极端天气气候事件频繁发生

极端高温频率和强度增加

极端高温、干旱、强降水、强热带气旋等极端事件频发

受全球变暖影响，极端天气频繁出现，如欧洲热浪、印度高温等，严重影响了人们生活。极端强降水容易引发城市排水困难、道路积水，从而导致交通瘫痪、出行不便，甚至造成严重的经济损失和人员伤亡。极端天气还可能导致建筑物受损、电线及通信电缆被破坏，进而发生停电和网络中断事故。

强降水频率和强度增加

寻找气候变暖的元凶

气候变化给我们的生活、生产带来了诸多不利影响，随着气温的持续升高，这些影响还将持续。应对气候变化，我们要先找到造成气候变暖的原因。

温室效应与温室气体

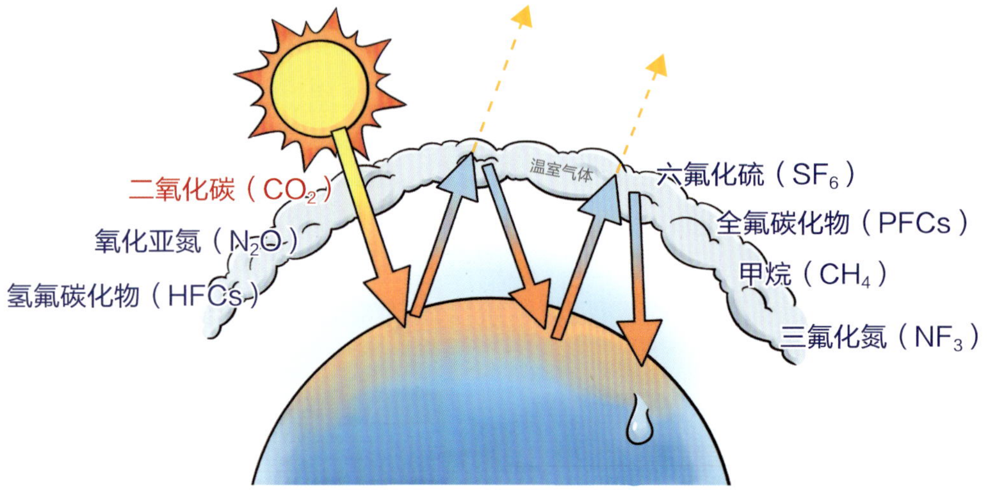

温室效应是大气保温效应的俗称，大气中的温室气体像一层厚厚的被子，使地球的热量无法有效地散发到太空，而是被反射回地球表面和大气层，导致地球表面温度上升。

温室气体就是指在大气中能吸收和释放红外辐射使地球变暖的气体。除了我们熟知的二氧化碳以外，甲烷、氧化亚氮、氢氟碳化物、全氟碳化物、六氟化硫和三氟化氮也是温室气体。

不同温室气体的增温能力有很大差别

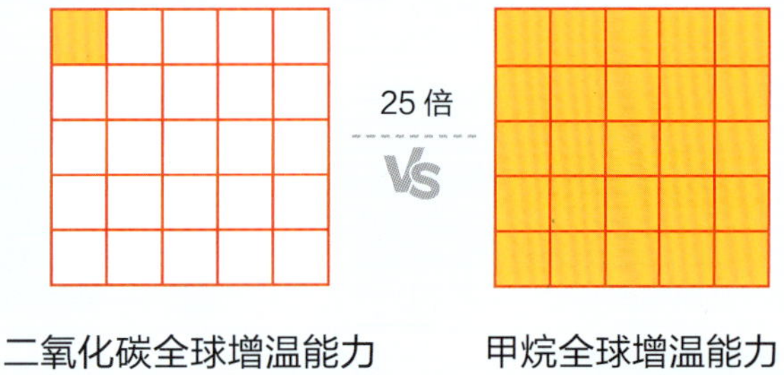

氧化亚氮的全球增温能力是二氧化碳的近 300 倍，氢氟碳化物是二氧化碳的 140~11700 倍，全氟碳化物是二氧化碳的 6500~9200 倍，六氟化硫是二氧化碳的 22800 倍。

过量排放温室气体才是真正元凶

如果没有温室效应，地表平均温度就会是 −19℃，可想而知，那样的地球就如同一个冰冷的雪球，绝大部分生命无法在上面生存。

但过量排放温室气体会打破原有的平衡，导致全球变暖和气候变化加剧。

CO_2

二氧化碳是最主要的温室气体

二氧化碳原本就存在于地球大气中，它不仅是植物进行光合作用不可缺少的原料，而且是我们呼出气体中的主要成分。

然而，令人忧心的是，二氧化碳对全球变暖的贡献率高达 64%，也就是说，现在的全球变暖一半以上要归因于二氧化碳浓度的急剧攀升。

知识小课堂

二氧化碳在大气中的寿命

二氧化碳是最主要的长寿命温室气体，它的生存期最长可以达到 200 年。

无处不在的碳元素

碳是地球生命起源、生物圈形成与演化必不可少的元素之一，构成了生命的基础。地球上的很多物质也都含有碳元素，从我们每天都要呼吸的空气到脚下的岩石，从日常使用的铅笔到熠熠生辉的钻石，从我们吃的食物到给汽车加的汽油，它几乎无处不在。

碳元素在地球各种物质之间持续循环着

碳元素在地球的生物圈、岩石圈、水圈及大气圈中交换并循环的这一过程就是**碳循环**。碳循环包括碳的吸收与释放两个主要过程。例如，植物吸收了空气中的二氧化碳，碳元素就从空气中到了植物体内，构成植物生长必备的元素，这就是碳的吸收；人类使用煤炭、石油时，二氧化碳又被释放到大气中，这就是碳的释放。大气中的二氧化碳大约 20 年可完全更新一次。

碳源和碳汇：碳循环中的两个相反过程

简单来说，**碳源**是向大气中释放二氧化碳的源头。碳源包括人为碳源和自然碳源。能源生产、工业生产、交通运输、农业活动，包括日常生活中对电、热等能源的使用，等等，都会产生二氧化碳排放，这些属于人为碳源；自然火灾、火山喷发以及有机物腐烂等自然行为会释放大量的二氧化碳，这些自然发生的二氧化碳排放属于自然碳源。

与碳源相反，**碳汇**是指从大气中吸收二氧化碳多于释放二氧化碳的活动或过程。你可能会问，为什么碳汇还会释放二氧化碳呢？举个例子你就知道了，植物通过光合作用吸收二氧化碳，在夜晚或没有阳光时，也会吸收氧气同时释放出二氧化碳，但是植物吸收的二氧化碳多于释放的。碳汇也分为自然碳汇和人造碳汇。

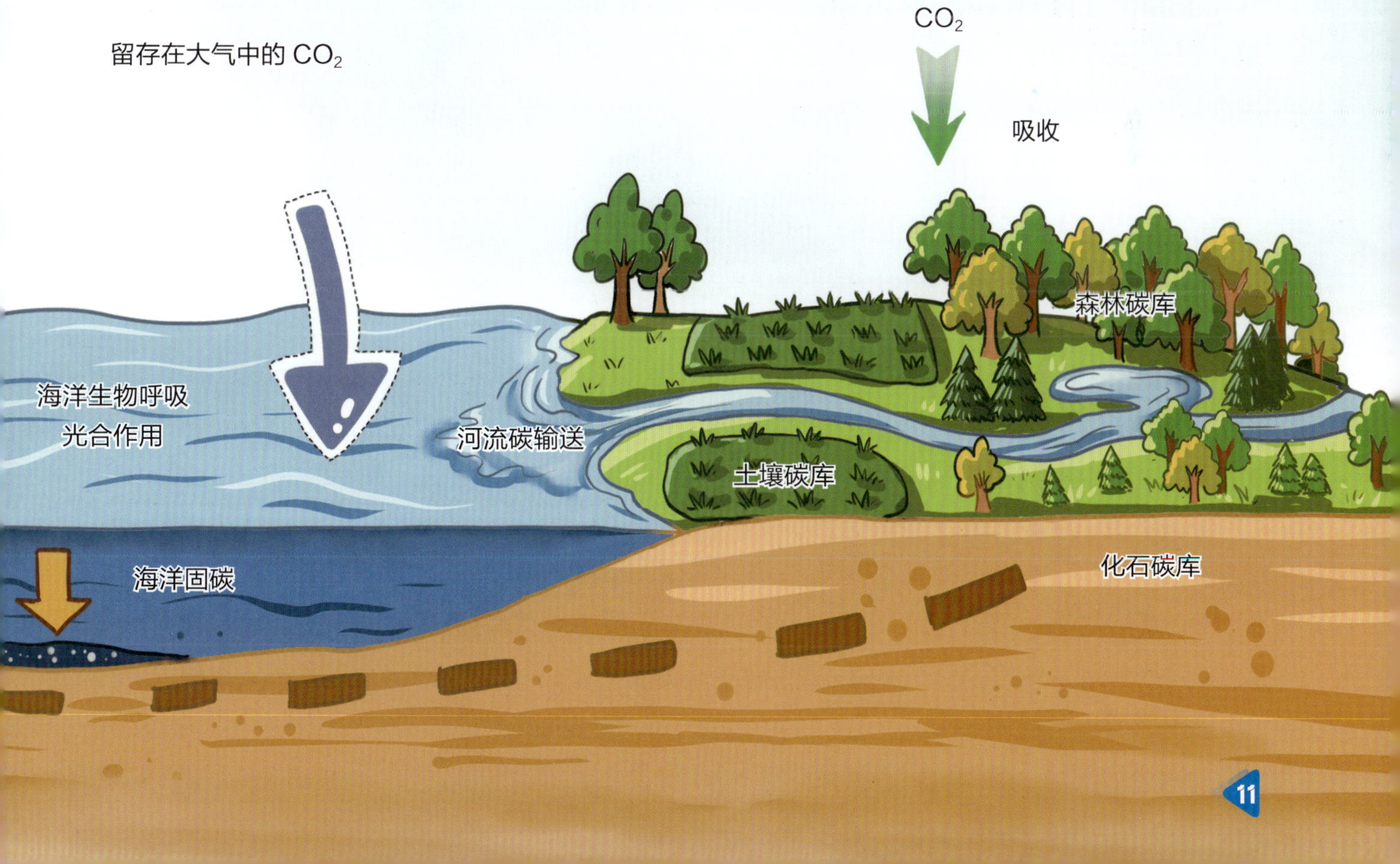

温度升高与碳排放

百年来的温度变化

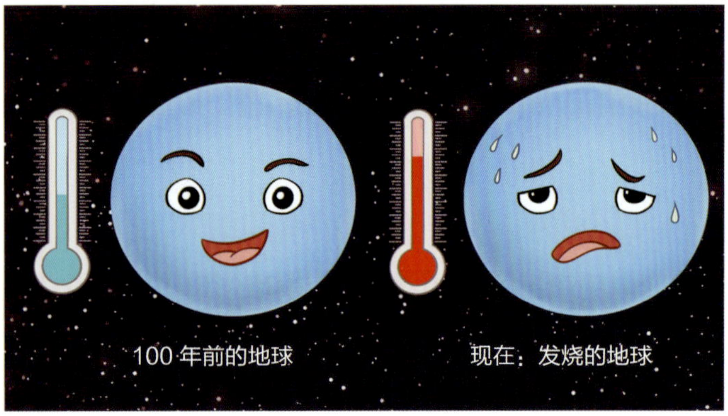

与工业化前（1850—1900 年）水平相比，2011—2020 年全球表面平均温度升高了 1.09℃，其中陆地增温 1.59℃，海洋增温 0.88℃。

如何知道过去的气候？

现在，科学家通过各种气象仪器进行气候观测，气象卫星也在监测气候变化方面发挥着不可替代的作用。过去没有仪器可用于观测和记录，那么怎么才能知道那时气候的情况呢？

切割冰芯

树木年轮

观察年轮

树木一般能生长几十年、上百年，甚至上千年。每一年的生长都被记录为一个"生长环"，根据年轮宽度就能推断出当时的温度、降水量等信息。

研究冰芯

冰芯中封存了一部分其形成时期的空气，从中可以分析和反推出几千年、几万年甚至几十万年前大气中二氧化碳等气体的含量。

碳排放越多，温升越高

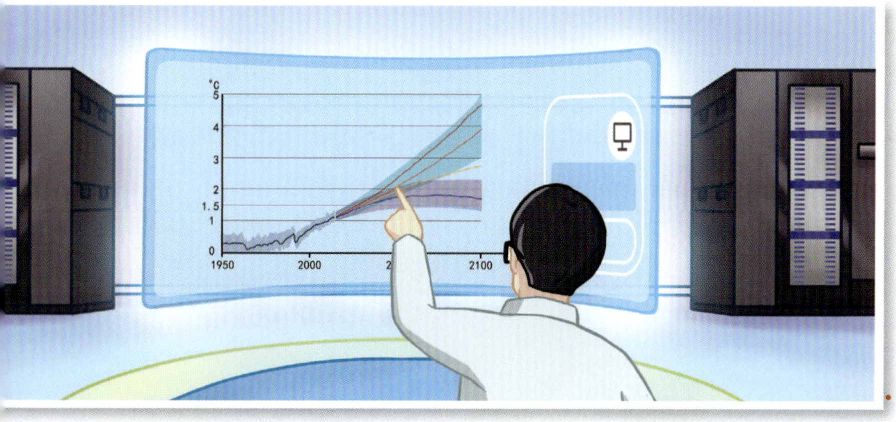

预测未来气候

为了了解未来气候可能发生的变化，科学家给地球系统建立了计算机模型，叫作气候系统模式，它能够通过模拟大气、海洋、陆地和碳排放等之间的关系，来预测未来的气温。

科学家研究发现，碳排放越多，未来气温越高。根据气候系统模式预测，如果我们能大幅减少二氧化碳的排放，那么在2100年，全球温升很有可能控制在2℃甚至1.5℃以内;然而，倘若二氧化碳排放保持中等水平的话，到2100年全球温度可能会攀升3~4℃；更为严峻的是，如果二氧化碳排放持续增多，那么到2100年全球温升有可能超过4℃！

努力控制温升

人体正常体温升高1℃意味着发烧生病，对于地球来说，每0.5℃的气温升高都会给人与自然造成巨大影响。当全球温升超过1.5℃到达2℃时，所有气候变化的破坏性后果将以更极端、更频繁、更难以应对的方式出现，触及人类与自然所能承受的极限。人类行动决定未来的气候走向，全世界必须齐心协力应对气候变化，将全球温升控制在2℃以内，并努力控制在1.5℃以内。

保护地球的双碳行动

碳中和，也就是我们一般说的零碳，指的是在一段时间内，我们的人为碳排放量与人为碳吸收量是相等的，相互抵消达到平衡。也就是说，人类向大气中排放了多少碳，就要想办法从大气中把等量的碳吸收或清除。

实现碳中和离不开零碳科技的助力，那么什么是零碳科技呢？零碳科技就是为了实现碳中和目标，涵盖了能源、工业、交通、建筑等各个领域的技术与解决方案的集合。

→想一想

碳达峰是什么意思？关于减少碳排放和增加碳吸收，你能想到哪些好办法？

碳中和概念图

里程碑：双碳目标的提出

2020 年 9 月，中国明确提出了"碳达峰""碳中和"目标（也称作"双碳目标"）：二氧化碳排放力争于 2030 年前达到峰值，努力争取 2060 年前实现碳中和。

应对气候变化需要全球各国共同努力

气候变化是全球共同面临的挑战，需要所有国家一起努力。世界各国对此都有着共同的责任，但责任是有区别的。工业革命以来，发达国家排放了大量的二氧化碳，负有主要责任，也应该为发展中国家应对气候变化提供支持和帮助。

我国虽然是发展中国家，但我们一直都在积极参与全球气候治理，已经成为重要的参与者、贡献者、引领者。

我国实现碳中和要比发达国家付出更多努力

美国、德国和日本等发达国家都已经完成了工业化进程，它们的碳排放在很多年前就达到最高值了。例如，有些欧洲国家的碳排放在 1990 年就已经到达最高峰，从这个碳达峰的年份直到该国承诺实现碳中和的 2050 年，有长达 60 年的时间。

我国和其他发展中国家一样，发展起步晚，目前还处在工业化发展的过程之中，碳排放还没有达到峰值，但我们承诺的从碳达峰到碳中和的过程只有短短的 30 年时间，这意味着必须付出更多艰苦卓绝的努力！

哪些场景产生碳

二氧化碳是最主要的温室气体，人类社会工业化进程带来了过量的二氧化碳排放。应对气候变化最要紧的一项任务，就是尽快地、最大限度地减少二氧化碳的排放。

想要做到科学而高效地减碳，首先要仔细地追根溯源：人类活动产生如此大量的二氧化碳，到底都是从哪儿来的？能源、交通、建筑……这些场景中的碳排放又来自哪里？

交通

交通工具之所以能带我们去一切想去的地方，主要是因为有各种能源做动力燃料，比如汽油、柴油等，当然，交通工具一启动，往往也意味着碳排放的产生。

能源

能源是社会运行的“血液”，就像身体里的血液一样给我们的生产生活提供各种能量。能源开采、加工转化等活动在为我们提供各种能源的同时，也在产生碳排放。

工厂

工厂生产的形形色色的产品走入我们的生活，也带来了碳排放。这些产品因为使用化石能源作为燃料或原料，会在生产过程中产生碳排放，同时，一些特定工艺产生了工业过程碳排放。

建筑

建筑为我们提供了生活、学习、办公等活动所需的场地，它在建造、使用、拆除等不同阶段都会产生碳排放，而且在投入运行使用之后的排放尤其多。照明、供暖、供冷、供热水和炊事等活动都会使用到电力、天然气等能源，从而产生碳排放。

其他

农业活动、城市的固体废弃物处理等也会产生碳排放，比如反刍动物打嗝，化肥的使用，日常生活污水和垃圾的处理等。

能源活动——最大的碳排放源

我们一刻也离不开能源，它为我们的各种活动提供能量。

能源是人类文明进步的基础和动力。从人类学会使用火开始，人类文明的进步就与能源息息相关，火的使用让人类逐渐摆脱自然界的一些限制，当时是以木柴等为原料，此后人类逐渐学会使用水力、畜力等提高生产效率。工业革命后，随着蒸汽机、内燃机和发电机等一系列机械的广泛使用，人类进入了使用能源的快速变革时期，煤炭、石油、天然气等化石能源成为主要能源，至今依然主导着我们的能源使用。今天，我们开始越来越频繁地使用风、光等可再生能源，这是一次新的能源革命。

化石能源的碳排放有哪些？

化石能源在开采、加工及使用过程中都会产生碳排放。煤炭、石油、天然气作为最常用的化石能源，以不同的能源形式流入生产、生活的各个地方，有的被直接使用，有的被加工转换成二次能源（电力、汽油、柴油等），由此产生了碳排放。

能源活动所排放的温室气体，94% 以上都是二氧化碳，还有少部分的甲烷和氧化亚氮，这部分排放主要来自化石燃料的不完全燃烧和开采时的泄漏。

化石能源的流动

煤炭开采

石油、天然气等开采

能源生产

发电厂 将煤炭、天然气等一次能源变成二次能源——电力和热力。

炼油厂 对直接开采出来的石油进行加工，变成可以直接使用的汽油、柴油等二次能源。

想一想

下面这张图叫化石能源碳流图。请大家仔细看一看，想一想：煤炭、石油和天然气这些化石能源都用到了哪里？它们产生的二氧化碳是在哪里排放的？

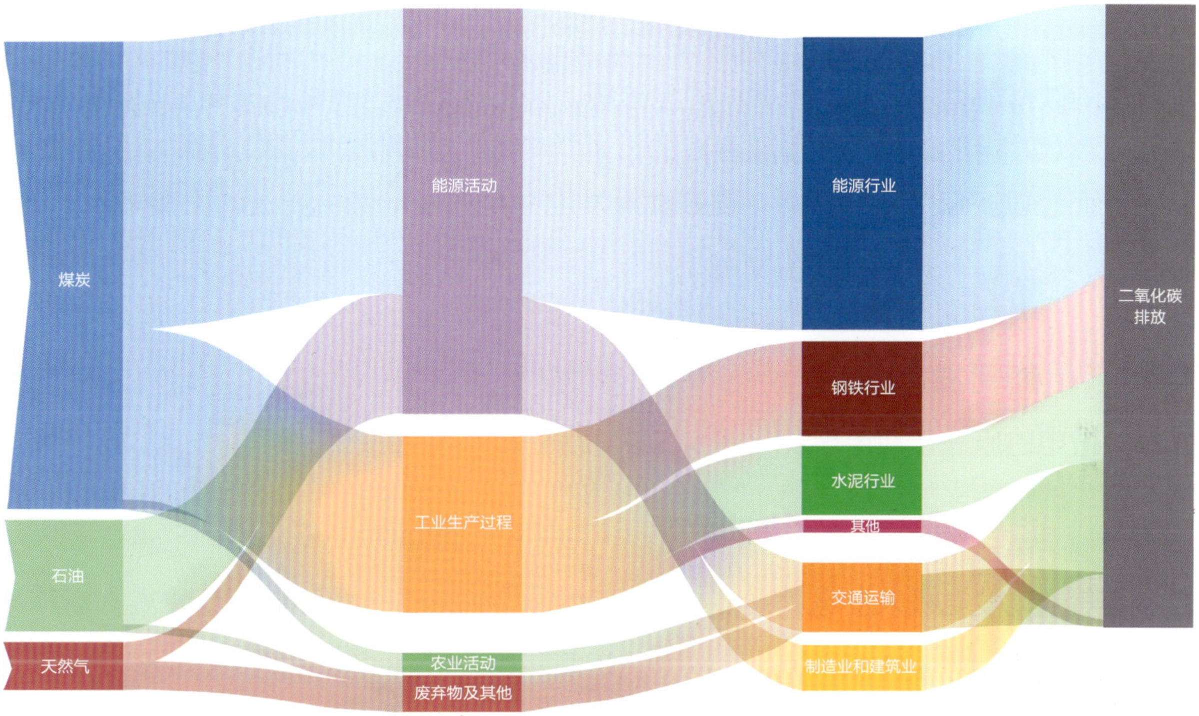

能源消费

工业 钢铁、水泥、化工等工厂在生产过程中使用煤、天然气、电力、热力等能源作为动力。

建筑 设计、运行、拆除等过程主要使用电力、热力能源。

交通 汽车、火车、船舶、飞机等交通工具使用汽油、柴油等燃料。

居民生活、服务业等 主要使用电力、热力、天然气等能源。

火力发电是能源碳排放的主要来源

我国将近一半的碳排放量都来自火力发电。火力发电是指将煤、石油、天然气或其他燃料（如垃圾、生物质以及高耗能工厂中的余热、余压、余气等）的化学能转化成电能。火力发电的碳排放量主要取决于燃料的含碳量，因为煤炭的含碳量高于石油、天然气等燃料，所以燃煤发电的碳排放量也是最高的。十几年前，我国 80% 以上的发电量都来自燃煤发电，而经过多年的艰苦努力，现在燃煤发电在全国发电量中所占的比例降到了 60% 以下。

燃煤电厂是如何发电的?

燃煤发电的原理是利用煤炭燃烧时产生的热能来加热水，使水变成高温、高压水蒸气，然后再由水蒸气推动发电机来发电。燃煤电厂的三大系统包括燃烧系统、汽水系统、电气系统。

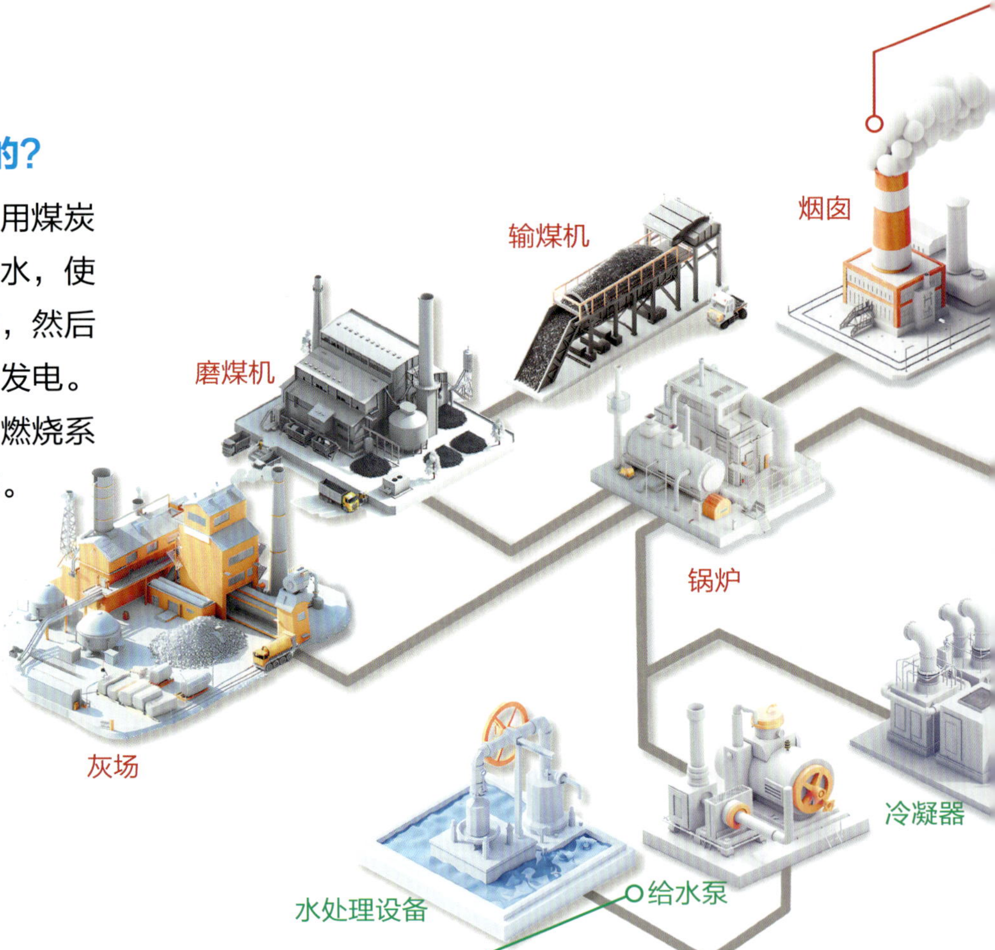

2

汽水系统： 主要包括汽轮机、冷凝器、给水泵等，由水蒸气推动汽轮机，把热能转化为机械能，是火电厂动力部分的核心。

1

燃烧系统： 主要包括输煤、磨煤、锅炉燃烧等环节。粉碎后的煤粉进入锅炉里燃烧释放热量，将水变成高温、高压水蒸气，把化学能转化为热能。

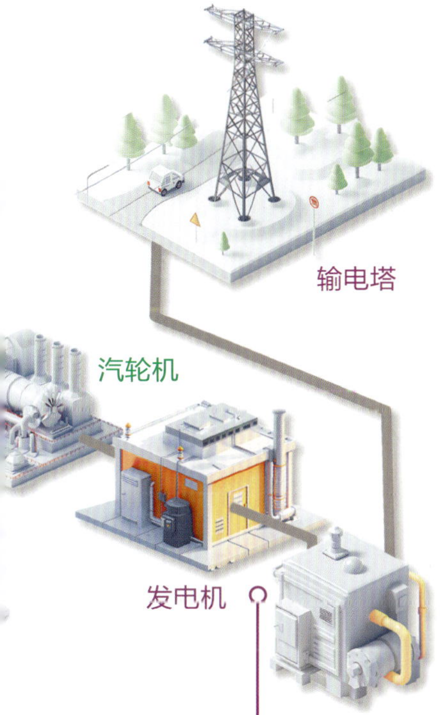

3

电气系统： 由汽轮机带动发电机将机械能转化为电能，并且合理地实现发电、输电。

火力发电都有哪些碳排放？

化石燃料燃烧产生的碳排放： 电厂的发电锅炉、燃气轮机等固定源设备在生产过程中会消耗大量的煤、天然气等燃料，这些燃料在燃烧时释放热量的同时，会排放二氧化碳。

脱硫等过程的二氧化碳排放： 由于煤含有杂质，在燃烧过程中也会排放二氧化硫等污染气体，要想使其达标排放到大气中，就需要利用脱硫技术来减少这些污染物，而脱硫过程中能源等的使用也会产生一些二氧化碳。

想一想

除了火力发电之外，还有哪些能源应用场景，它们是如何产生碳排放的？生产和生活中是否有不产生碳排放的能源呢？

工业——复杂的碳排放源

钢铁生产的碳排放

钢铁——人类目前使用最多的金属材料，小到我们生活中的家用电器，大到工业生产、装备制造，钢铁的身影无处不在。钢和铁其实是不一样的。铁是钢铁产品的“初级产品”，铁经过进一步冶炼后就可得到钢，钢的硬度比铁高，韧性好、容易加工，从而得到了广泛的应用。

我国是世界上最重要的钢铁生产国，钢铁工业二氧化碳排放量约占全国总排放量的15%。

钢铁是如何炼成的?

1 原材料制备

饭桌大小的铁矿石被磨成颗粒状，和石灰石一起送入烧结机，经过烧制后又变成块状供使用；煤经过焦化炉后，被处理成焦炭。

2 炼铁

最常见的炼铁方法是高炉炼铁，将处理过的铁矿石、焦炭和石灰石等原料装入高炉，生产出铁水。

3 炼钢

常见的炼钢方法包括转炉炼钢和电弧炉炼钢，把铁变成性能更好的钢。

4 连铸和轧钢

连铸是把钢水铸成各种形状的半成品“钢坯”。轧钢是将钢坯再加工成不同形状的最终产品——“钢材”。

“长流程”与“短流程”炼钢

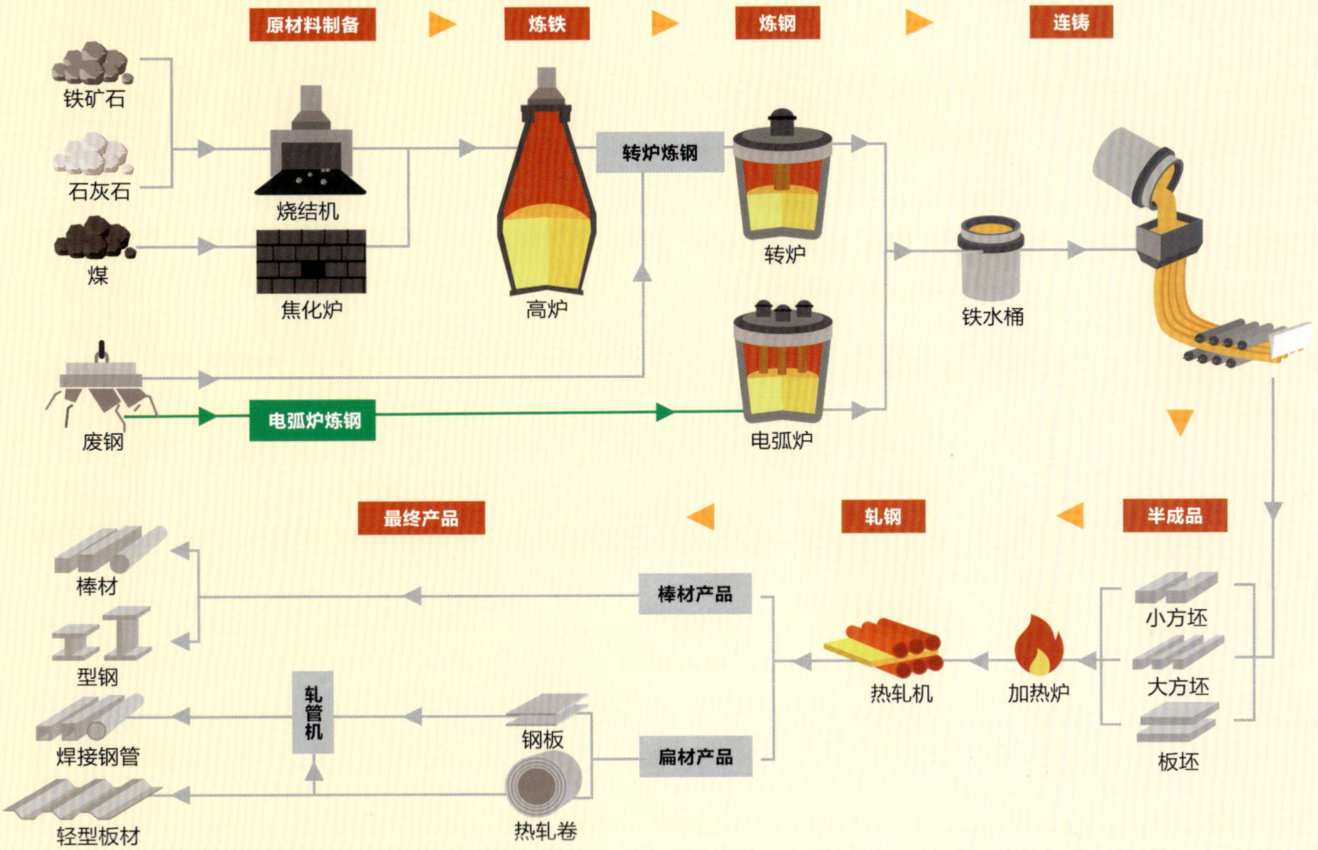

如果选用铁矿石为原料，那么需要先炼铁再炼钢，这被称为“长流程炼钢”。
如果将废钢作为原料，则省去了炼铁等环节，直接用废钢炼制钢水，这被称为“短流程炼钢”。

钢铁生产过程有哪些碳排放？

炼铁过程需要加热熔化铁矿石，煤的燃烧提供了热量，同时产生了二氧化碳。炼铁过程中，焦炭、石灰石等原料的使用会排放二氧化碳；炼钢过程也会产生碳排放。整个过程中也会用到电力，我们已经知道，火力发电会产生碳排放。

炼钢各工序碳排放差异性较大，碳排放主要集中于长流程的高炉炼铁和烧结工序，像高炉炼铁约占整个碳排放的 75%，烧结工序约占 10%。由于短流程炼钢只涉及炼钢、连铸和轧钢等环节，它的碳排放量远小于长流程炼钢。

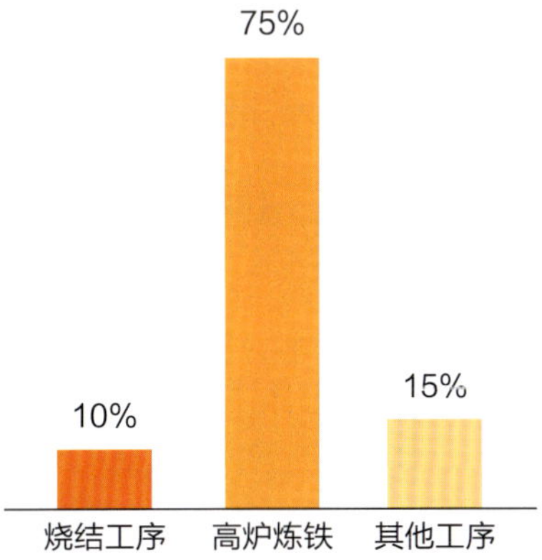

长流程炼钢主要环节碳排放占比

水泥生产的碳排放

水泥是一种粉状的胶凝材料，主要成分是含钙的硅酸盐、铝酸盐等混合物。加水搅拌后成浆体，能在空气中硬化或者在水中硬化，并能把砂、石等材料牢固地胶结在一起。水泥作为建筑材料中最重要的基础原材料，广泛应用于各类楼房、基础设施以及农村建设等建筑应用场景。

我国是全球最大的水泥生产和消费国，水泥产量约占全球总产量的一半，水泥行业碳排放量约占我国碳排放总量的 14%，是除了钢铁行业之外，工业生产过程中另一重要的碳排放来源。

1

矿山开采：获取水泥生产的主要原料——石灰石。为了方便获取石灰石，水泥厂一般建在沿河道及有矿山的地方。

2

原料破碎：经过多道破碎，饭桌大小的石灰石会被粉碎成可以通过细小滤网的粉末。另外，所用到的其他原料（黏土、铁矿石及煤）也要进行破碎。

水泥生产的过程

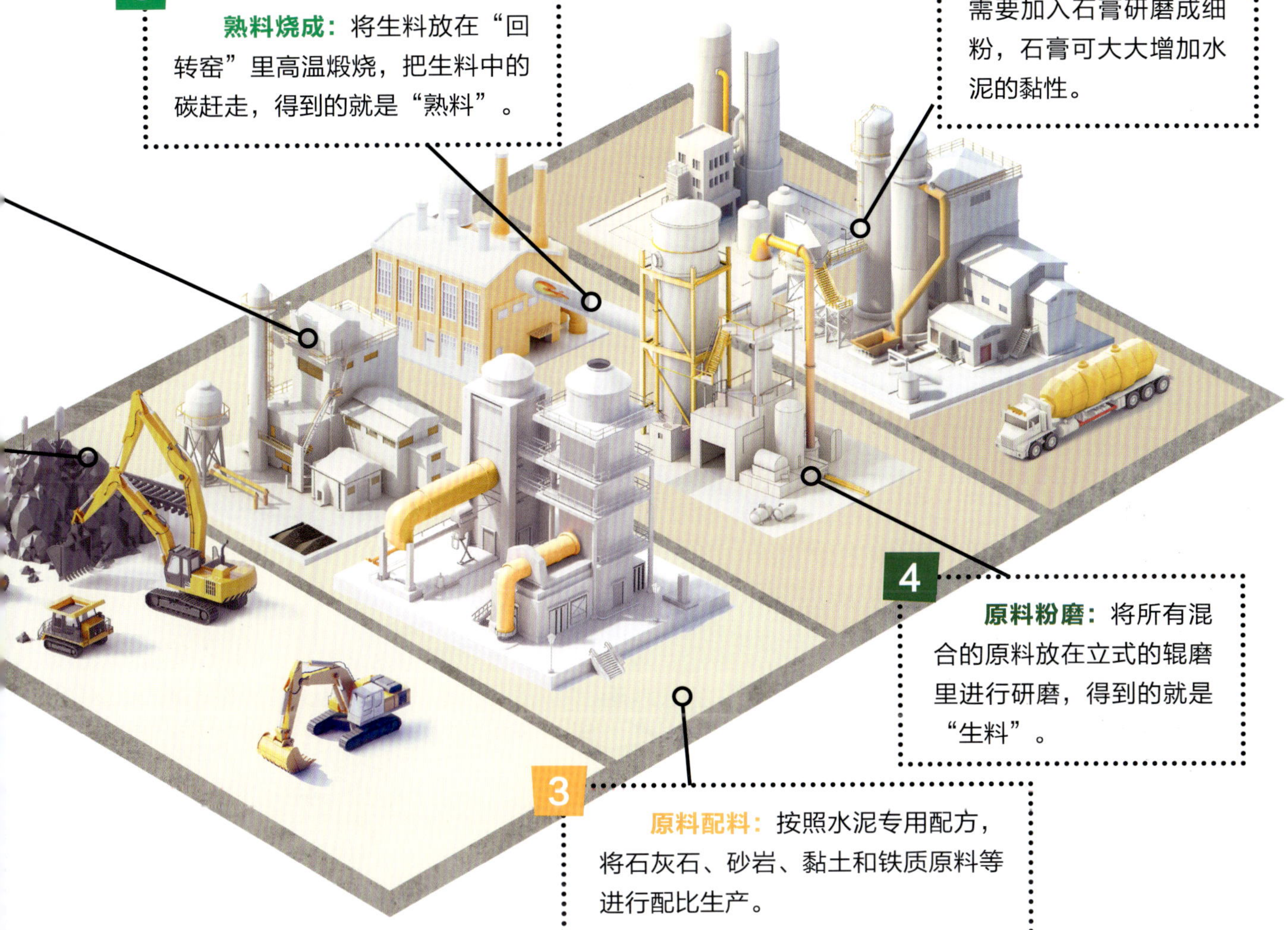

3 原料配料： 按照水泥专用配方，将石灰石、砂岩、黏土和铁质原料等进行配比生产。

4 原料粉磨： 将所有混合的原料放在立式的辊磨里进行研磨，得到的就是“生料”。

5 熟料烧成： 将生料放在“回转窑”里高温煅烧，把生料中的碳赶走，得到的就是“熟料”。

6 熟料变水泥： 熟料需要加入石膏研磨成细粉，石膏可大大增加水泥的黏性。

水泥生产过程的碳排放都来自哪里呢？

化石燃料燃烧产生的碳排放： 熟料高温煅烧过程中的热量来自煤等燃料，燃料在燃烧过程中排放大量的二氧化碳。

石灰石高温分解产生的碳排放： 石灰石的主要成分为碳酸钙，经高温分解后产生的二氧化碳是水泥生产过程中碳排放的主要来源。

使用电力产生的碳排放： 矿山开采、原料破碎、“两磨一烧”等环节都要使用电力，会产生碳排放。

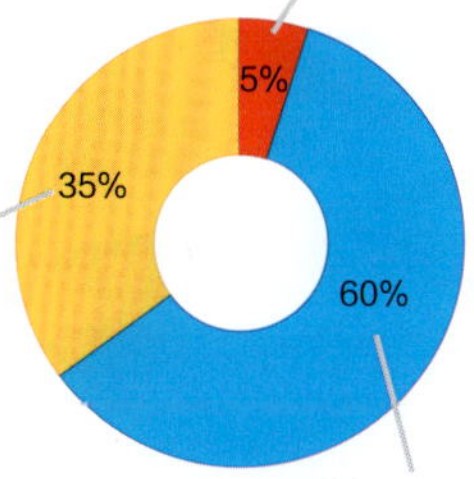

水泥生产过程中产生的碳排放占比

化工生产的碳排放

化工让我们的世界变得多姿多彩！化工产品的生产过程中，化石能源通过化学反应和物理分离等一系列复杂过程，转化为石油制品、化工材料和产品等。我们的衣食住行都离不开化工产品。毫不夸张地说，化工改善了人类生活，也支撑着现代文明的进步与发展。

“蜘蛛网”一样复杂的生产工艺

整个化工产业链非常庞大，极其复杂，产品种类繁多，对原料、配比或者工艺做出细微调整，可能就会得到一个全新的产品。

化工产品的主要原料有哪些?

世界上多数国家用来生产化工产品的原材料主要是石油和天然气，而在我国，由于“富煤缺油少气”的资源特性，我们的化工原材料除石油、天然气之外也会用到煤炭。

“无穷无尽”的化工产品应用

生产出来的化工产品广泛应用于工业、农业、交通、建筑、医药、日用品等领域。

医用药品
化学药品和生物制品等。

日用品
化妆品、香水、染料等。

塑料
保鲜膜、雨衣、餐盒、奶瓶、电子产品、汽车零部件等。

橡胶
汽车轮胎、跑步机、鞋底等。

清洁剂
洗涤剂、洁厕剂、洗洁精等。

石油制品
汽油、柴油、航空煤油、沥青等。

化工行业碳排放的真相

化工行业是工业领域碳排放的第三大排放源，约占我国碳排放总量的13%。和钢铁、水泥一样，化工行业碳排放主要来自能源消耗产生的排放和工业过程排放。

看看下面两个例子，大概就能了解化工行业碳排放量高的原因了。

1 生产流程长

以炼油厂为例，典型的工艺流程包括常减压蒸馏、催化裂化、延迟焦化、加氢裂化、溶剂脱沥青、加氢精制、催化重整等环节，如此复杂的生产流程，每一个步骤都会消耗大量能源并产生碳排放。

2 含碳原料多

在石化和化工行业中作为原料使用的能源约占我国原料用能总量的70%。以煤化工为例，其生产过程中主要以煤为原料，经化学加工后，煤转化为各种燃料和化工产品，在此过程中，煤中的大部分碳元素都变成了二氧化碳排放。

想一想

除了钢铁、水泥、化工等典型行业产生的碳排放外，其他工业的碳排放是如何产生的？尝试了解一下吧！

建筑——持久的碳排放源

纵观一栋建筑的“全生命周期”，它经历了建材生产、建造、运行、拆除等阶段，各阶段都需要消耗能源，尤其是建筑落成后，运行阶段持续几十年甚至上百年，它所产生的碳排放将是一场“持久战”。

建筑行业碳排放的三大部分

1 建材生产

建材生产过程中产生的二氧化碳排放主要来自生产钢铁、水泥、玻璃等建筑材料，这些建筑材料的生产需要消耗大量的化石能源，并产生碳排放。

2 建筑施工

新建筑的建造、现有建筑的维护和改造、老旧建筑的拆除，这些都属于建筑施工的环节，会使用各种能源，也会产生碳排放。

3 建筑运行

建筑建成之后进入使用运行阶段，这个阶段需要能源给建筑供热、供冷、供电，有的建筑还需要天然气来给炊事供能。

从建筑全生命周期的碳排放量看，建筑运行阶段占比为 70% ~ 90%，建材生产占比为 10% ~ 30%，建筑施工（建造与拆除）占比约为 1%。

交通——移动的碳排放源

交通运输碳排放主要包括汽车、火车、船舶、飞机等交通工具在使用过程中产生的碳排放，这些工具在行驶过程中需要大量的能源作为动力，如汽油、柴油、电力等。

交通运输占全球二氧化碳排放量的近 25%，其中约 75% 是公路交通产生的碳排放。虽然飞机是公认的高碳排放交通工具，但实际上它只占交通碳排放的 10% 左右。使用电力作为能源的交通工具，其碳排放量较小，如果使用的电力全部来自可再生能源，那么行驶过程就可以实现零碳排放。

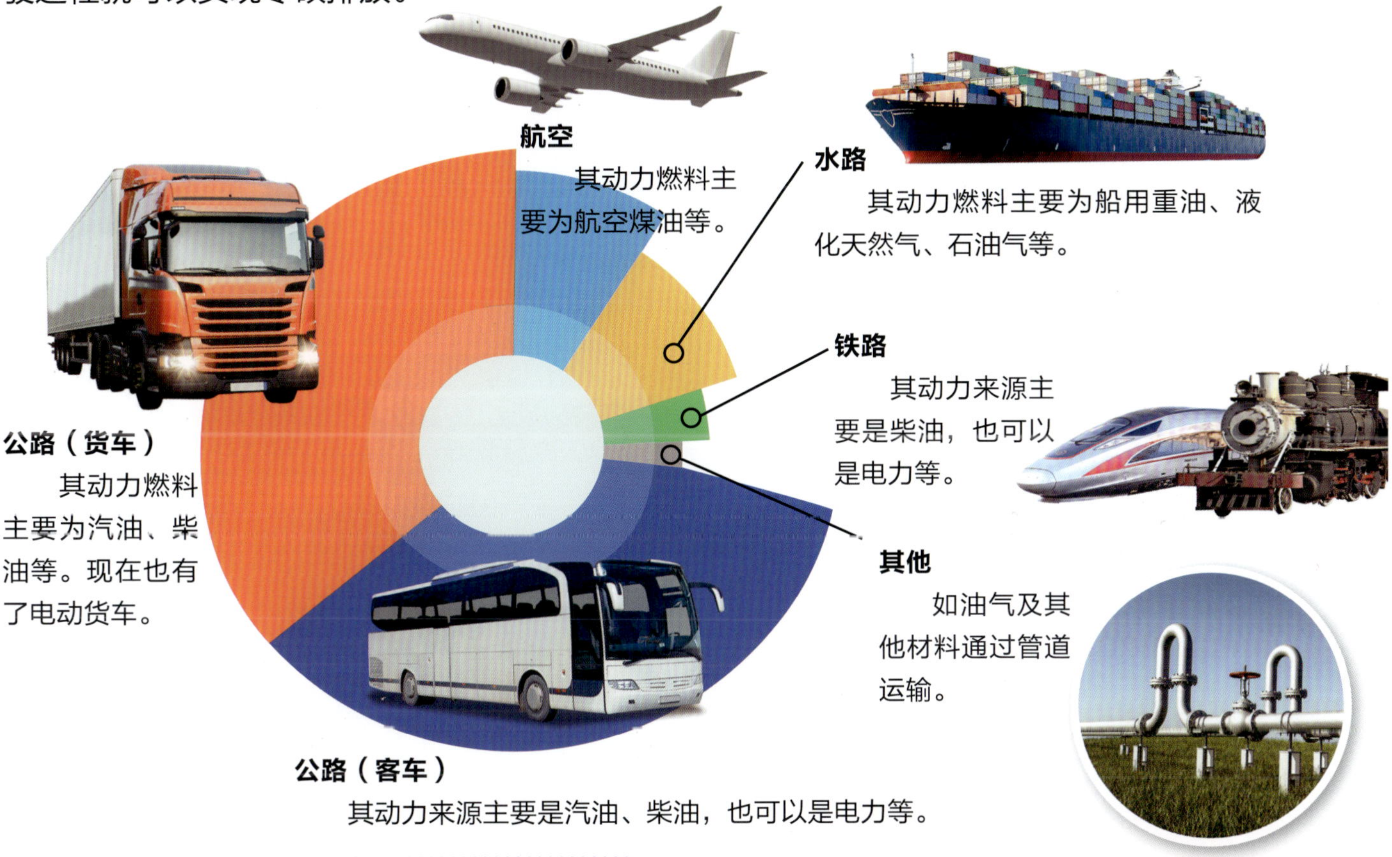

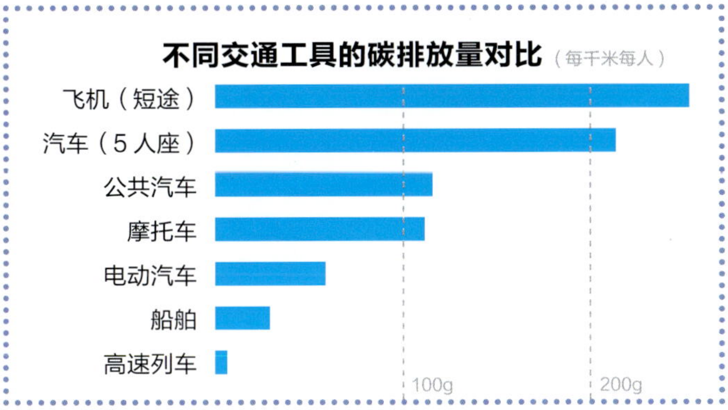

想一想

不同交通工具的碳排放量大不相同，如果你和家人暑假计划外出旅行（假设出发地是北京，目的地是上海），那么如何选择交通工具才是最低碳的呢？

农业和林业
——分散的碳排放源

农业和林业是最重要的吸收二氧化碳的碳汇，但是农业生产、畜牧养殖等过程中也会产生二氧化碳、甲烷、氧化亚氮等温室气体，相比燃煤发电厂或钢铁厂的碳排放在较小的厂区里，农业和森林区域面积很大，碳排放分散在这些区域的每个角落。

水稻种植

水稻种植过程中会产生甲烷排放。排放量的多少还会随着稻田的施肥水平、水管理方式、气候条件等不同而有所变化。

畜禽养殖

动物反刍过程中会排放甲烷等温室气体，动物的粪便在贮存和处理过程中也会排放甲烷和氧化亚氮。

农用地氮沉降与氮淋溶

大气中的氮沉降、氮淋溶和氮径流损失引起氧化亚氮排放。

农用地施肥

氮肥、粪肥、秸秆等肥料因为含有氮会产生氧化亚氮等温室气体。

废弃物处理
——环保也有碳排放

随着城市化进程的不断加快，人类的生活和生产活动给地球带来了大量的垃圾和污水、废水。而处理这些垃圾和污水、废水过程中所产生的碳排放也不容忽视。

城市垃圾处理

城市垃圾有固体废弃物（常见的生活垃圾）、危险废弃物、医疗废弃物和污泥等多种形式，有些需要填埋处理，有些需要焚烧。垃圾填埋后将会产生甲烷排放。部分含碳的垃圾（如塑料、纺织物、橡胶、液体溶剂和废油）在焚烧时会排放二氧化碳。

生活污水与工业废水处理

无论是生活污水还是工业废水，都需要由专业的设施进行处理，在达到要求后才可以进行排放，这些污水或废水在处理过程中会产生甲烷和氧化亚氮等温室气体。

森林燃烧

森林可以吸收二氧化碳，储存了大量的二氧化碳，但是一旦着火，森林已经吸收的二氧化碳又会释放到大气中。

什么技术能减碳

零碳能源技术

减少我们对化石能源的依赖，实现由化石能源向零碳能源的转变。

零碳发电技术
储能技术

零碳燃料

钢铁低碳技术

我们的困境

在人类活动中，有如此之多的场景都会产生二氧化碳的排放，这意味着如果不尽快采取有效的减碳措施，未来的碳排放轨迹就会一直像一架飞机在高空中持续飞行，难以落地。

我们的目标

到 2030 年之前，尽快让碳排放量到达最高峰，就好比飞机的飞行高度达到了最高点；到 2060 年前，实现碳中和，就好比让飞机安全平稳着陆。

我们的思路

明白了碳的来源和排放场景，那么就先从不同的方向开始寻找，到底哪些技术能减碳。

工业流程降碳技术

从工业生产环节入手，大幅降低主要工艺流程的碳排放。

水泥低碳生产技术

石油化工脱碳技术

固碳技术

利用固碳技术直接清除大气中的二氧化碳。

农林碳汇

碳捕集利用与封存技术

零碳电力——绿色能源主力军

电力使用起来非常方便，生活中使用电力的场景越来越多，如果我们把使用化石能源的场景和设备改用电力，那么随着风力、太阳能等可再生能源发电越来越多，我们的生活就会越来越低碳。

高耸入云的风车“巨无霸”

人类利用风能历史悠久，自古以来一直在持续探索，风车磨坊、利用风帆航行的船舶等都是人类早期使用风能的例子。

风力是如何发电的?

风力发电，就是把风的动能转变成机械的动能，再把机械的动能转化为电能。

风吹动叶片，叶片通过增速装置带动内部的发电机工作，从而产生电能。

风力发电的过程中不使用化石燃料，因此不产生碳排放。

风力发电机可以装在哪里?

选择安装风力发电机的合适地点，最重要的是挑选风能资源丰富、质量较高的地区，还需要不影响当地居民生活、具备较好气象与地质条件，以及避开一些限制区域等。

算一算风力发电机能发多少电？

假如一台 5 兆瓦的风力发电机每转动一周可以产生约 8.5 千瓦时电，1 分钟大约发 83 千瓦时电。算一算这台风力发电机一天、一年分别能发多少电。

风力发电已经成为到处可见的风景线

从茫茫沙漠到蔚蓝大海，我们都能看到高高矗立的一台台大型风力发电机。我国风力资源十分丰富，风力发电的技术潜力如都能挖掘，产生的电量可以达到 2020 年全国用电量的 4 ~ 6 倍。

→ 知识小课堂

目前，我国是全球风电装机容量最大的国家。总装机规模已占全球的 40% 以上，并长期保持世界第一。中国风电发展惠及世界人民。我国也是全球最大的风电装备制造基地，产量占全球市场的 66% 以上，出口到全球很多国家和地区，帮助了更多国家利用风力零碳发电。

收集来自光子的能量馈赠

太阳的能量非常巨大，地球所接收到的太阳能虽仅为太阳向宇宙释放能量的二十二亿分之一，但却是地球的主要能量来源，人类所使用的能量绝大部分都直接或间接地来自太阳。

在 19 世纪和 20 世纪，赫兹与爱因斯坦等物理学家先后观察和解释了光照射到金属上产生电的现象，这被称为光电效应或者光伏效应。此后，科学家发现光电效应在半导体材料上的表现更好，于是就利用半导体材料硅片开发了光伏发电技术，将太阳能转化为电能。

光伏发电原理

硅不仅是制作芯片的材料，也是制作光伏板的材料。太阳能电池由两种不同类型的硅片叠放在一起而形成，一种叫作 P 型半导体，另一种叫作 N 型半导体。当 P 型和 N 型半导体结合在一起时，接触面就会形成电势差，成为太阳能电池。太阳光照射后，电子获得能量发生定向移动就能够形成电流。

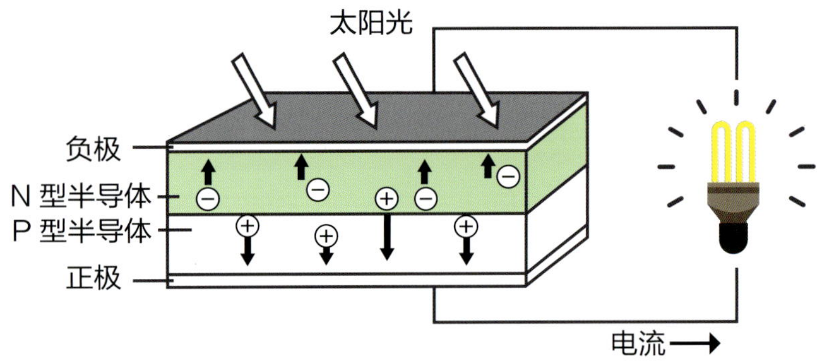

光伏板的制作原理

1

电子的定向运动产生电流，可硅的原子核外有 4 个自由电子，硅原子排列在一起结构非常稳定，没有多余的能够自由运动的电子，也没有容纳电子的空穴。那该怎么办呢？办法就是缺什么就做什么补上！

2

在一个硅片中掺入有 5 个自由电子的磷，那么这个硅片就有了多余的电子，获得能量后可以定向移动。这种硅片叫作 N 型半导体。

3

在另外一个硅片中掺入有 3 个自由电子的硼，那这个硅片就缺少了电子，留下一个空位可以容纳移动的电子。这种硅片叫作 P 型半导体。

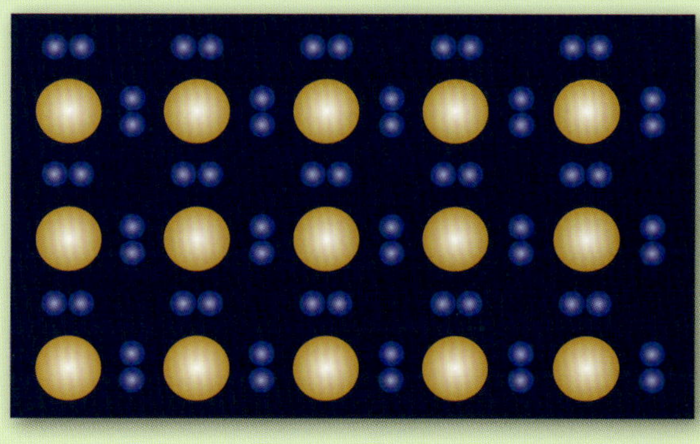

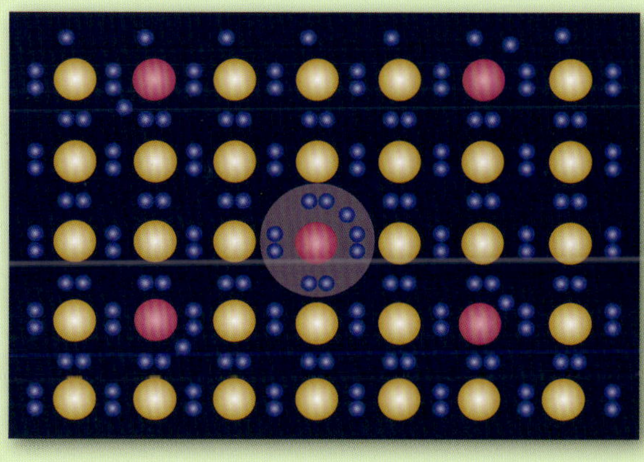

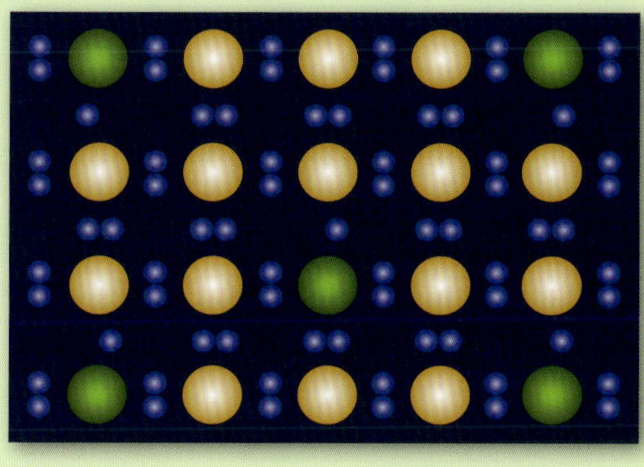

我国太阳能资源十分丰富，光伏发电的潜力可以达到 2020 年全国用电量的 9 ~ 13 倍。光伏发电的应用场景非常多，在我国西部地区，沙漠、戈壁和荒漠中已经建设了大型集中式光伏发电基地；在农田和鱼塘的上方也能够安装光伏发电设备。

令人惊喜的光伏生态效益

在沙漠里布置光伏板，还可以起到治理沙漠化的作用。光伏板能够隔绝一部分太阳光的热量，降低地表的温度。在光伏板下方可以种植一些耐干旱、防风固沙的植物，逐渐形成草场。

生活中的光伏发电

想一想

光伏发电还有很多灵活的应用场景，在我们身边就有很多，想一想：你都见到过哪些？

集聚每一束光的能量

太阳的表面温度约 5500℃，虽然地球离太阳很遥远，但是我们依然能够感受到太阳的热量。那么，如何才能收集和利用太阳光的热量呢？

光热发电的原理

我们可以利用凸透镜（放大镜）或者凹面镜来会聚太阳光，它们都能够使光线改变方向集中到一点，这样聚集的太阳光热量就可以方便利用。

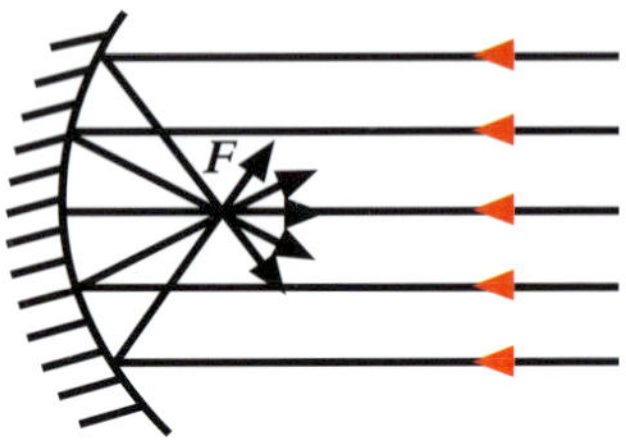

在我国青藏高原、黄土高原等地区，人们常用太阳能灶来烧水、做饭，太阳能灶就是利用了凹面镜会聚光线的原理，它充分利用了太阳能，并且没有碳排放。

定日镜将太阳光反射会聚起来，再利用这些热量产生蒸汽驱动发电机发电。

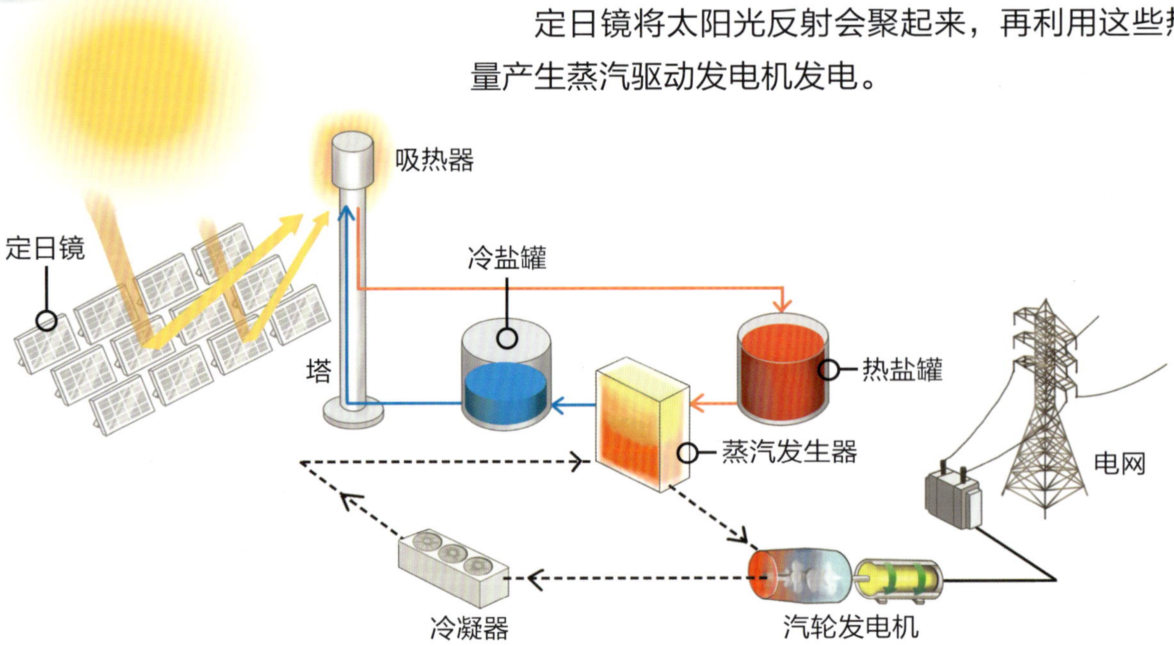

塔式光热发电：把成千上万个“太阳能灶”聚在一起

把很多一样的东西组合在一起放大，是一个很棒的创新应用的方式！如果把成千上万个镜子组合在一起，让每一个镜子都将太阳光会聚在同一个点上，那就会产生非常巨大的能量！

敦煌熔盐塔式光热发电站

想一想

太阳每天东升西落，位置不停地改变，镜面如果不能够正对太阳，就不能很好地收集太阳能，对此你有没有好办法？

为风、光利用装上“智慧大脑”

风和光的获取具有随机性

天气是不可控的，即便是具有较大风力、光照资源充足的地区，风力和光照资源都是随着时间和季节不同而波动变化的。

风、光发电接入电网，影响电网可靠运行

波动的风力、光照条件使得通过风力和光伏发的电“时有时无”，将这部分电力直接送入电网，会影响电网的稳定运行。

对风和光的有效利用，离不开对气象数据的科学分析与测算

1

哪里适合建设风电场和光伏电站？

需要我们分析当地长期气象数据，知道哪些地方的气候条件适合建设风电场或者光伏电站。

2

何时有较好的风力和光照条件？

需要我们合理预测当地的气象情况，提前知道什么时候有风力与光照，能让我们通过风电场和光伏电站获得电力。

3

何时是用电高峰期，能够提供多少电力？

在不同的季节，或者在一天的不同时段，电力需求都会有较大的差异。科学的分析和测算可以帮助电力系统纳入更多的风、光发电量，并且减少对电网的扰动。

AI 助力新能源预测

预测未来是一项挑战巨大的事情！新能源发电的预测同样不简单，需要非常精细精准才能够更好地发挥新能源的作用。

人工智能的参与能够大大提高预测的效率和精度，例如每一台风力发电机周边的风力情况，包括风力的轨迹，都能够被精确预测，再结合风力发电机过去发电的数据，就可以精确预测未来一段时间可能产生的发电量。

功能一：合理选址建电站

新能源数据平台通过对气象数据进行分析，可以帮助选取风能与太阳能资源丰富的地区，为工程师建设风电场、光伏电站提供重要依据。

功能二："神机妙算"测风、光

新能源数据平台结合气象数据设计的模型，通过输入参数就能准确预测风、光资源的变化，可以让风电场和光伏电站提前做好准备。另外，如果遇到台风、暴雨等极端天气，也可以做好防灾准备。

功能三：按需分配保供电

新能源数据平台可以结合气象条件、历史数据等对高峰期的用电需求进行预测，帮助动态调整电力生产和分配模式，保证电力供应的充足与稳定。

跨越“千山万水”的大挪移

我国风、光资源主要分布在西部和北部等地区；东部沿海地区风、光资源偏少，城市相对集中，用电需求较高，风、光资源富集区域和用电高需求区域地理空间距离大。

广袤的新疆有着丰富的风、光资源，建设了许多大型风、光电基地，例如哈密建设了百万千瓦、千万千瓦级风电场和许多光伏电站。新疆发的电可以通过电网送往东部地区。

新疆哈密光伏电站

新疆哈密风电场

西电东送——架起东西贯通的电力大动脉

“西电东送”是我国一项重要的能源战略，将西部等地区生产的电力输送到东部人口稠密的地区。我国的特高压输电技术在世界上处于领先水平，特高压、超高压输电等尖端技术的应用，使得东西贯通的电力输送大动脉得以实现，风力和光伏等新能源产生的电力也能够借助这些网络送到东部来。根据测算，自 2010 年以来，新疆每送出 3 千瓦时电，其中就有近 1 千瓦时是绿色电力，累计新能源电量外送已超过 2300 亿千瓦时，相当于减排二氧化碳约 1.8 亿吨。

东数西算——让数据多跑腿，给电网减减压

我们在手机和计算机上的每一次操作，数据中心都会产生一定的数据运算和交换，而生产与生活中大量的数据计算耗电量非常惊人。目前大部分数据中心都设在中东部地区，所需的庞大的电力要通过电网从西部输送过来，给电网带来很大压力。

当我们换一个角度思考解决方案时，局面豁然开朗：将数据中心建在西部，既使用了西部风、光产生的绿色电力，又实现了让数据代替电力“跑腿”的目的，降低了电网压力。同时，西部的气温相对东部低一些，数据中心也可以减少用于降温的能源消耗。从经济与就业的意义上来说，西部互联网行业的兴起还可以带动西部经济社会发展，可谓一举多得。

江苏苏州工业园区

东部沿海地区工业发达、人口稠密，城市用电量大，如苏州 2023 年用电量超过 1700 亿千瓦时，所用的电力就有来自西部的绿色电力。

“飞流直下”的水力发电

水力发电利用水位落差，也就是利用水流“自上而下”流动产生的动能推动发电机发电。发电时，上游水库中的水顺着进水口流入，推动水轮机转动并带动发电机发电。

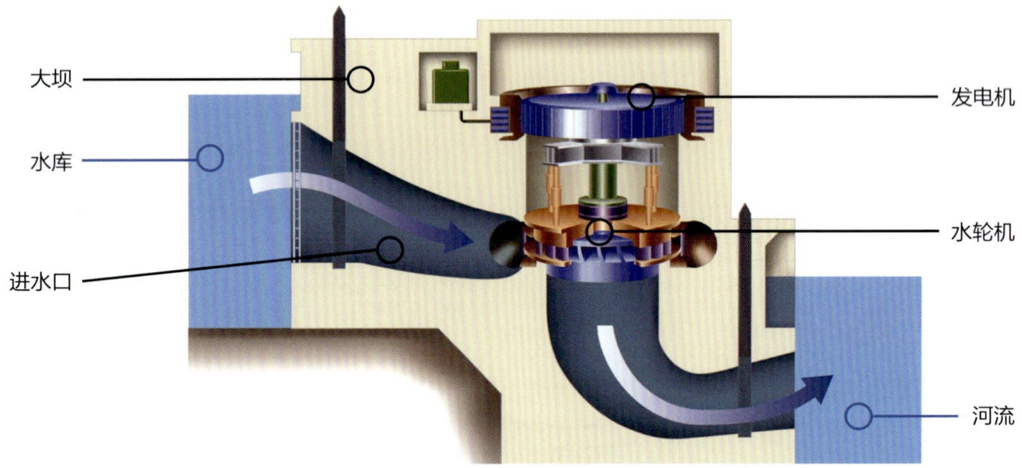

水力发电原理

我国水力资源主要集中在大江大河的干流水域，水电开发的重点区域位于西藏、四川、云南和贵州等地。

我国是世界上水力发电量最高的国家，拥有超过 4 万座水力发电站。长江三峡水电站是世界上最大的水力发电站，每年发电量高达 800 亿 ~ 1000 亿千瓦时。

方程式“算出来”的巨大能量

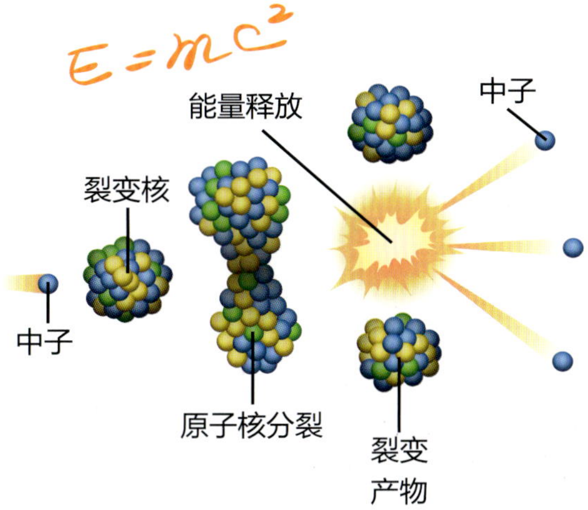

现在的核能发电是通过核燃料裂变释放能量，利用这些能量生产蒸汽，再由蒸汽驱动发电机工作。

著名物理学家爱因斯坦在1905年提出了**质能方程**，这个方程揭示了物质和能量之间的深刻联系，为开发核能提供了重要的理论基础。

核裂变反应的过程是一个原子的原子核在吸收一个中子后，分裂成两个或更多个质量较小的原子核并放出2~3个中子，同时产生大量的能量。新放出的中子又能使别的原子核接着发生核裂变，再产生大量能量，这个过程会一直持续下去。我们利用核裂变反应能够获得巨大的能量，1千克铀235的原子核全部裂变产生的能量和燃烧2700000千克煤释放的能量一样多！

“华龙一号”采用我国具有完全自主知识产权的第三代核电技术，作为我国核电创新发展的重大标志性成果，是中国核电走向世界的“国家名片”。

人造太阳——可控核聚变

科学家正在探索新的核能利用方式，人们常称之为**“人造太阳”**，如果成功将从根本上解决人类社会的能源问题。

“人造太阳”就是**可控核聚变**：当两个原子核互相吸引而碰撞生成新的质量更重的原子核时，会同时释放巨大的能量。核聚变的材料氘和氚在海水中储量极为丰富，1升海水里提取出的氘，在完全聚变反应后，可释放相当于300升汽油燃烧产生的能量。

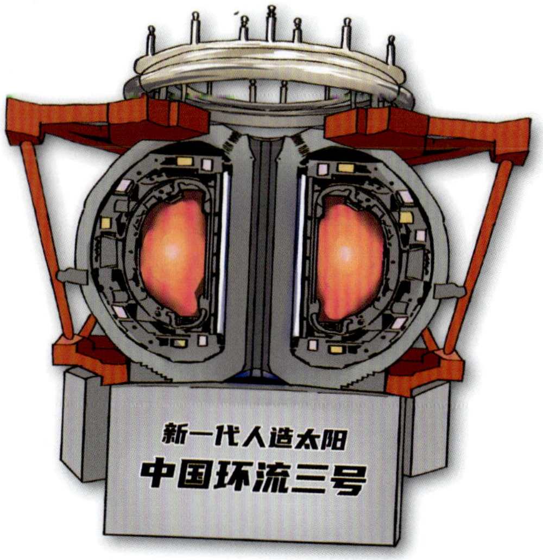

发现更多零碳电力

生物质发电

常见的生物质包括植物秸秆、农林废弃物、食品加工废弃物等，这些生物质所蕴含的能量称为生物质能，它是自然界中的植物和微生物通过光合作用等将太阳能转化并储存起来的能源，资源非常丰富。

生物质燃烧或使用过程中也产生二氧化碳，但这些是植物等在生长过程中吸收的大气当中的二氧化碳，所以生物质能的使用并没有向大气排放额外的二氧化碳，属于零碳能源。

生物质能发电主要包括沼气发电、气化发电、直接燃烧发电等。

生物质颗粒——将秸秆、树枝等粉碎后加工成型

1 沼气发电

将农林废弃物、食品加工废弃物等进行厌氧发酵处理产生沼气，驱动沼气发电机组发电。

2 气化发电

生物质在气化炉中转化为气体燃料，经过净化后用于燃烧发电等。

3 直接燃烧发电

将生物质颗粒在锅炉中直接燃烧带动发电机发电。这些生物质颗粒可以由生物质粉碎、加工得来。

生物质直接燃烧发电

地热能发电

地热能是蕴藏在地球内部的天然热能，地热能发电是将地下的热能利用起来，推动发电机发电，实现将地热能转化为电能。

我国已经建设、运营了多座地热电站，位于西藏、四川、云南、广东、河北等地。

地热发电站

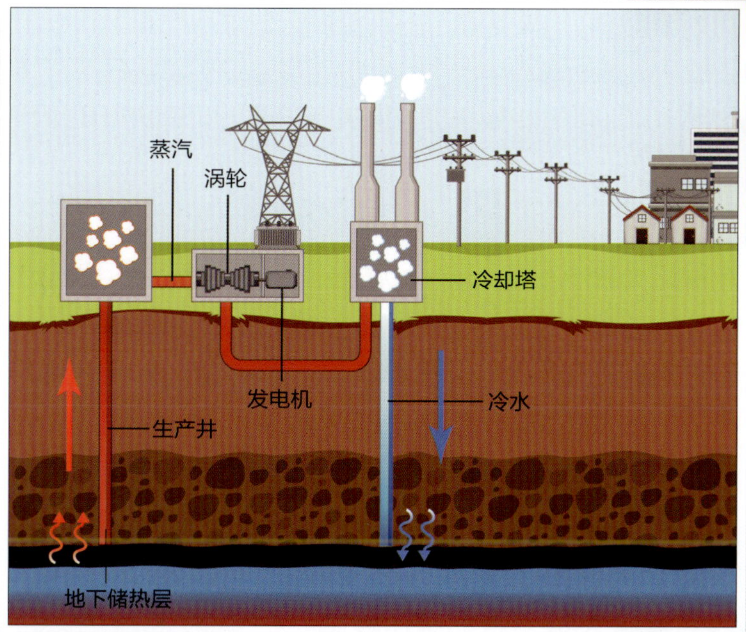

地热能发电原理

海洋能发电

海洋能发电技术种类众多，包括潮汐能发电、波浪能发电、温差能发电、盐差能发电、海流能发电等。我国正在围绕这些领域开展技术研发与应用。

以海流能发电为例，它通过桨叶在海流作用下旋转，带动内部发电机发电，实现将机械能转化为电能。

零碳燃料
——燃烧也可以不排碳

电力的使用虽然简便，但是在某些特定场景里，我们无法使用。比如发射火箭就无法使用电力，运动会火炬也无法使用电力，仍然需要燃料来发挥作用，这就是零碳燃料大显身手的时候了。

零碳燃料为什么零排放？

1

燃料本身就不含碳，并且这些燃料在制备过程中也没有使用化石能源，燃烧后不会带来碳排放，如绿氢等。

2

燃料本身含有碳，但是燃烧后排放的二氧化碳实际上是循环自大气中的二氧化碳，如绿色甲醇和生物质制的天然气等。

零碳火炬，点燃奥运梦想

2022 年，北京冬季奥林匹克运动会的火炬是近百年奥运史上首次使用绿氢为燃料的火炬；在同年夏季举办的杭州亚运会上，使用了绿色甲醇燃料火炬。它们点亮了运动场上的“低碳环保”之光。

氢燃料火箭，驶向云霄之外

长征五号系列运载火箭是我国研制的一种大型运载火箭，主要用于发射地球同步转移轨道卫星和各种深空探测器，液氢是火箭构成模块所用到的主要燃料之一。

奇妙的碳、氢、氧“七十二变”

甲醇和天然气既是重要的基础化工原料，也是优质燃料。传统方法使用煤或者天然气来制甲醇，会产生很多碳排放。天然气的主要成分是甲烷，燃烧后释放二氧化碳。甲烷和天然气的用途十分广泛，我们要想办法让它们成为零碳燃料，就能减少大量碳排放。

1

使用生物质作为原料，通过发酵或气化的方式来生产甲醇和天然气，它们就是零碳燃料。

2

用氢和二氧化碳来合成甲醇，通过奇妙的化学变换，将氢、碳、氧三种元素重新组合成为甲醇，当然，我们要使用可再生能源制取的氢气和捕集的二氧化碳，才能生产出绿色甲醇。

甲醇合成装置厂

碳、氢、氧的百变组合

除了绿色甲醇、生物质制天然气以外，还有很多零碳燃料也是由碳、氢、氧构成的。我们可以利用碳、氢、氧等元素，经过“百变组合”后变成种类繁多的化学制品，它们具有除作为燃料外的更多优势和用途，可被更多的行业采用。

例如，右图中这个由碳、氢、氧组成的化合物叫作二甲醚，它可以用作燃料，还可以在制药、农药等化学工业中发挥许多独特的作用。我们在生活中也能见到它，它被用来制造发胶、空气清新剂等产品。

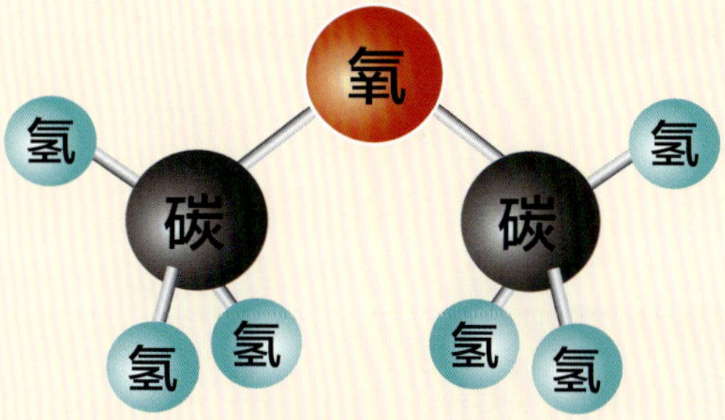

二甲醚的分子结构

藏在水里的绿色氢能

氢在地球中分布广泛，大部分“藏”在地球上的水里，还有一部分氢与碳、氧结合，存在于石油、天然气或植物等化石能源和生物质等之中。

氢是个“小淘气”。它的密度比空气小，氢气球能够飞到天上，就是因为这个物理特性。它的化学性质还非常活泼，很容易燃烧和爆炸。

氢的广泛利用

氢的用途十分广泛，利用方式包括：作为燃料直接燃烧用于发电和工业生产，作为燃料电池用于交通、建筑，还可以作为重要原料用于化工、钢铁生产。

氢的储存和运输

氢的密度小、体积大的特性，使得它的储存和运输都比较困难。我们一般可以通过两种方式将氢的体积缩小，以便于储存和运输：一是增加压力，把氢气压缩；二是降低温度，让氢气变成液态。

另外，还可以通过化学的方法，比如把氢跟其他金属或者化学物质结合成新的物质，当需要用氢的时候再把它们释放出来。

长管拖车运氢

灰氢是从化石能源中制备的氢，它的制备过程中会产生大量的碳排放。

绿氢是以水为原料，利用零碳电力电解水制取的氢。绿氢的制备不产生碳排放。

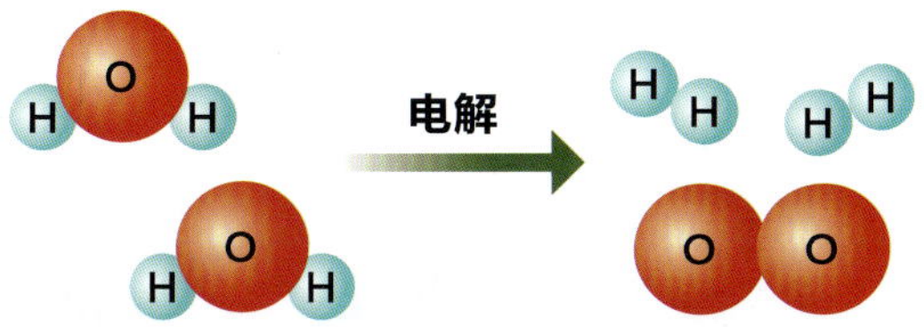

水由氢和氧两种元素组成，我们可以采用电解水的方式制取绿氢。在水中插入电极，在电的作用下水的分子结构被破坏，分解成氢和氧。

人们为了改善电解水制氢的效果，发明了专用的电解槽。电解槽中有一个专门的电解质隔膜，它能够促进电解反应，同时有效分隔氢气和氧气。

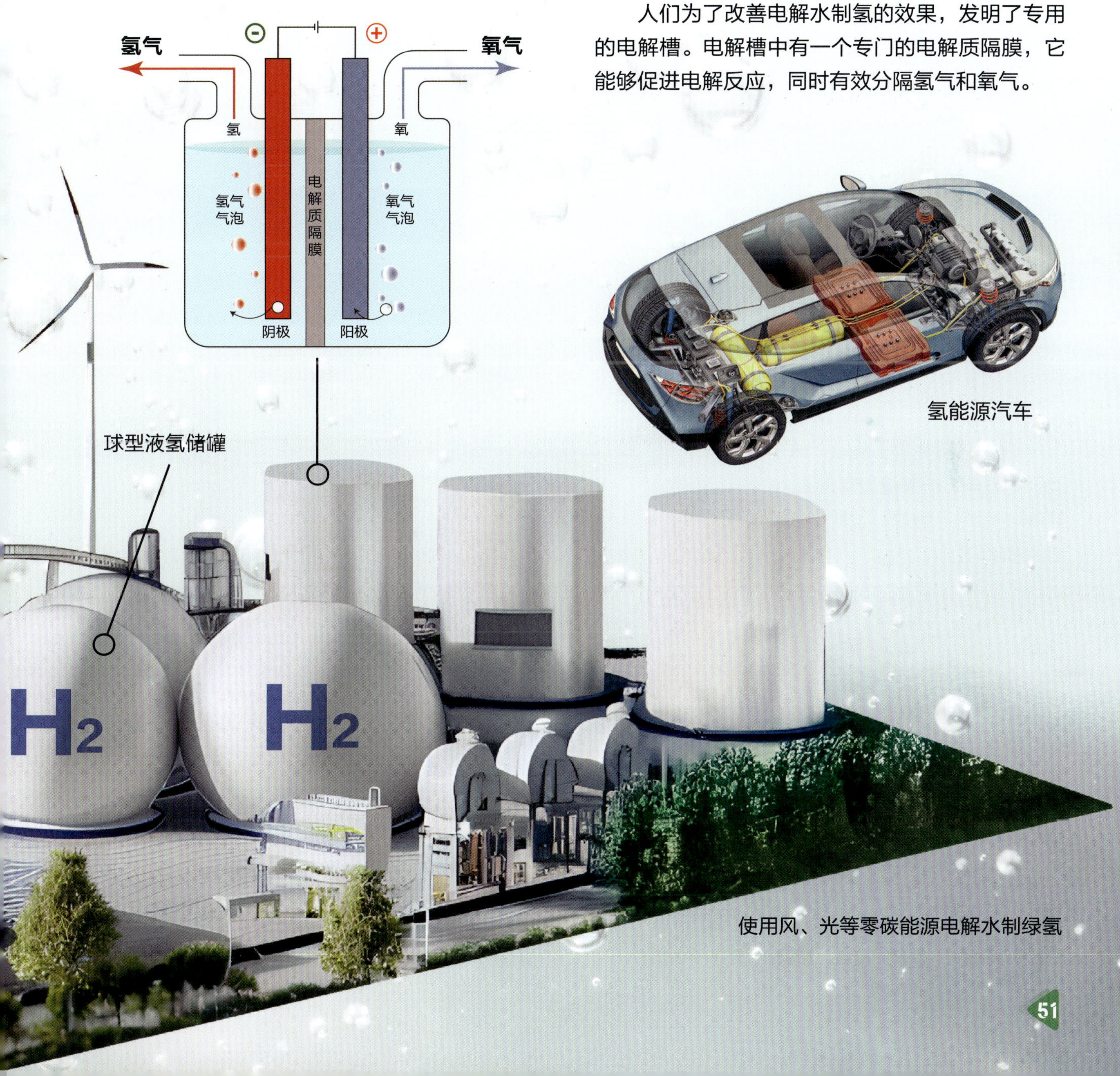

氢能源汽车

使用风、光等零碳能源电解水制绿氢

储能技术
——看我吞吐天地之能

零碳电力近在眼前！你一定想在家里装上光伏板，这样就能够用上零碳电力。但是当你安装完光伏板之后，可能会发现新的问题：

晚上是家里的用电高峰，电视、洗衣机等各种电器频繁工作，光伏在这个时段却不能开工了。

白天日照充足，光伏“卖力”地发电，但家里通常没人，几乎没有用电需求，发的电白白浪费掉了。

储能柜

这时，我们就需要用到储能技术，将白天发的电存起来晚上来用。

储能技术可以让我们更加自由地使用电力，不受时间或地点的限制。小到一个家庭，大到一个城市和国家，电力的连续、稳定、可靠供应都需要储能技术来保证。未来，我国要建设的可再生能源发电项目会越来越多，对储能的需求也会越来越高。

储能技术大家庭

储能技术一般是指将电能存储起来的技术。我们知道，电都是即发即用的，因为电能不易直接存储。要存储电能时，一般必须将它转换为其他形式的能存储起来，用时再转换为电能。

为了将宝贵的电能存储起来，人们一直在探索多种办法，有的将电能转换为热能存储，有的转换为化学能、机械能，还有的利用电能生产新的能源产品从而将能源存储起来，比如利用风、光资源生产氢能。

我国储能技术以抽水蓄能、新型储能应用情况较多。抽水蓄能是目前应用最多的储能方式，在全部储能技术中占比约为 60%。锂离子电池也是很常见的储能技术，在新型储能技术中占比约为 97%。

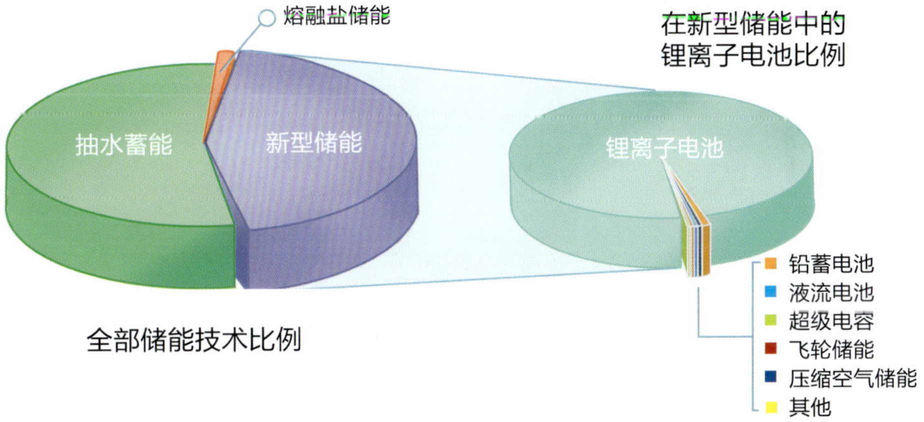

→ 你知道吗？

储能一般用在哪里呢？储能可以跟发电设备比如风力发电一起使用，当风力较足但是电网不需要太多电的时候将风电存储起来；也可以跟电网结合使用。用户也可以使用储能，比如我们在家里安装储能设备。

神奇的电池能量储柜

1800 年，意大利物理学家伏打设计出“伏打堆”，人类历史上第一次出现了现代意义上的电池。电池的发展与创新到今天已走过 200 多年的历程，历经了数不胜数的科技进步，如今的电池储能家族可谓是成员众多，其中，锂离子电池是应用广泛的一员。

锂是什么？

锂（Li）是一种金属，呈银白色，质地软，是所有金属元素中密度最小、最轻的。锂的化学性质非常活泼，能和许多物质发生反应，常用于原子反应堆、制造轻合金及电池等。

充电宝

电动汽车

机器人

➜ 想一想

我们身边很多设备都用电池来提供能量，除了图中的应用，你还能举出哪些使用电池的例子？

锂离子电池是如何工作的

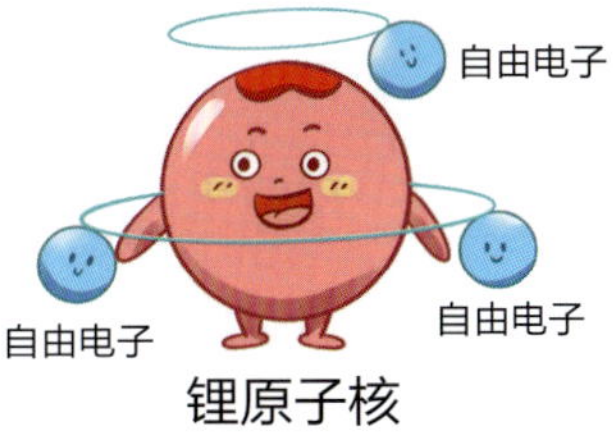

我是锂原子，有 1 个锂原子核和 3 个自由电子。自由电子是我的法宝，在我身边环绕。

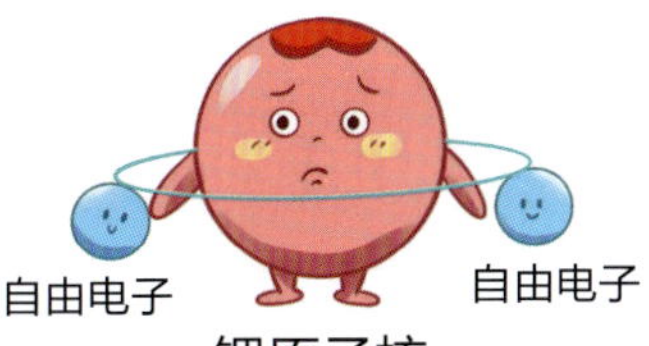

我是锂离子，也是丢了一个自由电子的锂原子。我迫不及待地想要找到走丢的自由电子。

电池中有两个房间，一个叫正极，一个叫负极，两个房间被隔膜隔开。正极是锂原子的家，待在家中既舒服又稳定。

充电时

外界电场施以魔法，锂原子最外层的自由电子顺着导线“嗖”地一下被抓到负极房间，锂离子则需要辛辛苦苦穿过电解液与隔膜，去找寻被抓到负极的电子。

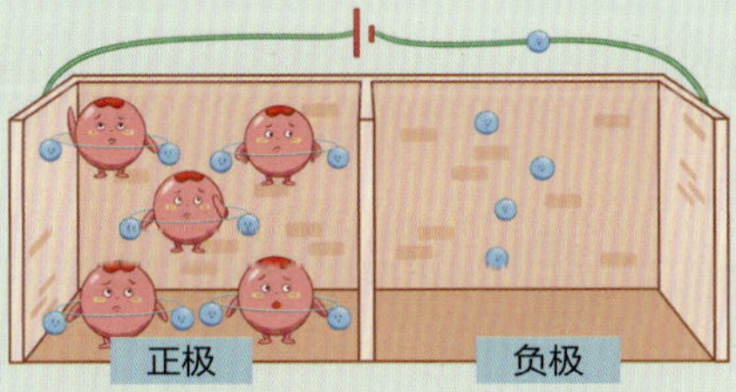

自由电子顺着导线飞走　　自由电子顺着导线到这里

虽然在负极找到了丢失的电子，但它们只能暂时留在负极，等待机会重返家中。这时的电池也积蓄了能量。

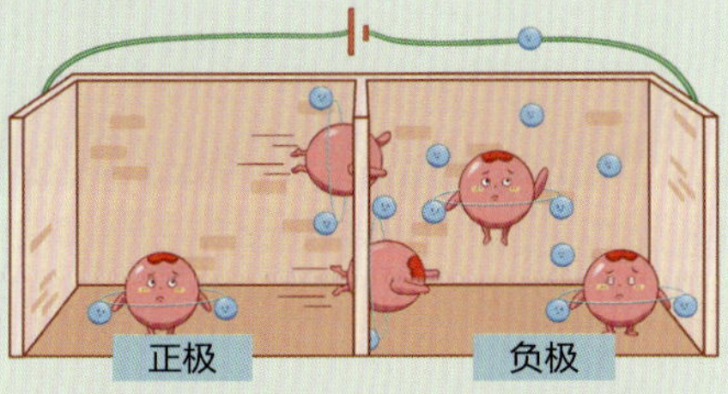

锂原子失去自由电子，变成锂离子　　锂离子穿过隔膜到达负极

放电时

当充了电的电池连接了用电设备，机会来了，可以回家了。自由电子又“嗖”地一下顺着导线迅速跑回正极家中。

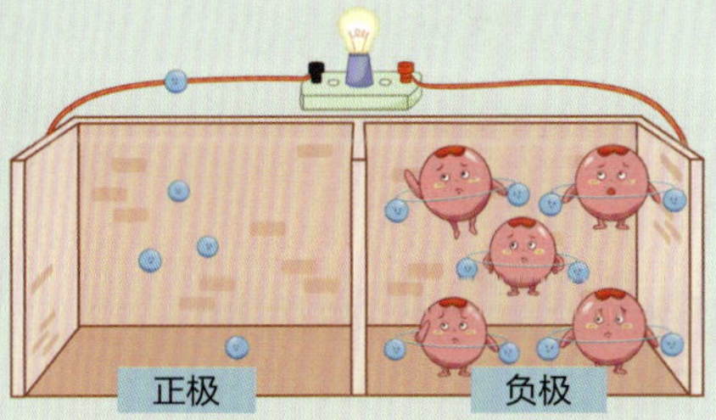

自由电子率先回家　　自由电子顺着导线往正极走

锂离子则必须像之前一样，穿过隔膜返回。它们回到家中团聚非常高兴，积蓄的能量释放出来，也就是放电的过程。

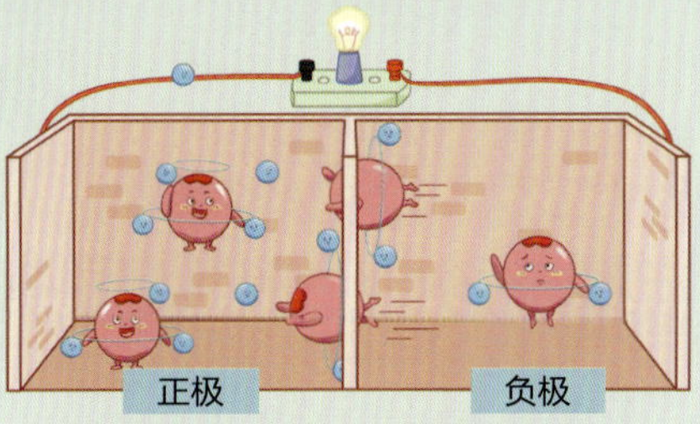

锂离子和自由电子结合　　锂离子穿过隔膜往回走

电池性能由什么来决定？

电池能存储多少电，取决于正负极能装多少锂原子。如果同样体积或质量的锂离子电池的正极和负极能够存储容纳更多的锂原子，它就可以有更多的电量。

电池充电速度快不快，取决于锂离子出入正负极的速度快慢。充放电时，锂离子通过隔膜游走在正负极之间，锂离子穿过隔膜在正极和负极间的速度决定了充电快慢。

电池是否安全，取决于正极和负极房间是否稳固安全。电池使用过程中，锂离子和电子要反复在正极与负极出入，正负极材料和结构的安全性与稳定性对保证电池的安全非常重要。

“抱团儿工作”的锂离子电池

在实际应用中，一个大大的锂离子电池是由很多小电芯组成的，首先批量生产电芯，再以适当的方式将大量电芯组合起来形成电池模组，最后将电池模组组合形成电池包。为了让电池包容纳更多的电芯，也可以跨过模组，直接组合成电池包。

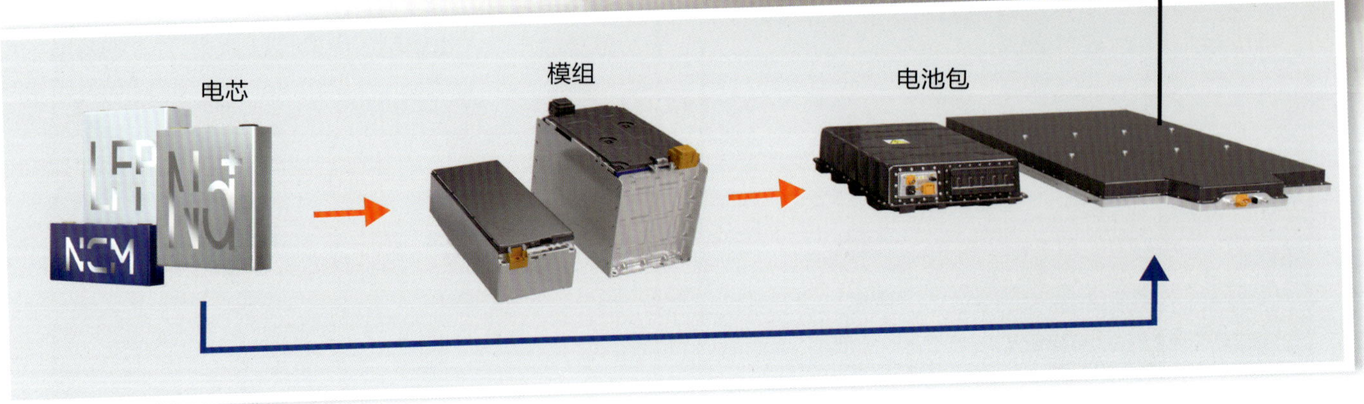

电池管家：成千上万电芯的指挥官

这么多电芯组合起来，需要让它们高效而安全地合作。电池管家，也就是电池管理系统，负责这项工作。它的主要职责包括：

监测电池组和电芯的工作状态，包括充放电过程中每个电芯的温度、电压，防止有的电芯充电或放电太多；让每个电芯的电量尽量均衡一致；记录和分析电池的状态。

知识小课堂

2019 年诺贝尔化学奖授予来自美国的科学家约翰·古迪纳夫、斯坦利·威廷汉和日本科学家吉野彰，他们确立了现代锂离子电池的基本框架。锂离子电池的发展应用极大地改变了我们使用能源的方式，让我们的生活更加便捷。

科学家仍在持续研究进一步提升电池性能并研发更多种类的高性能电池，比如钠离子电池、固态电池等。未来电池的创新不仅需要化学科学的发展，而且需要与材料学、物理学等多个科学领域相结合共同推动。

脑洞大开的机械储能

机械储能是将电能转换为机械能储存起来，并在需要时释放的储能方式。主要包括抽水蓄能、压缩空气储能、重力储能和飞轮储能等。

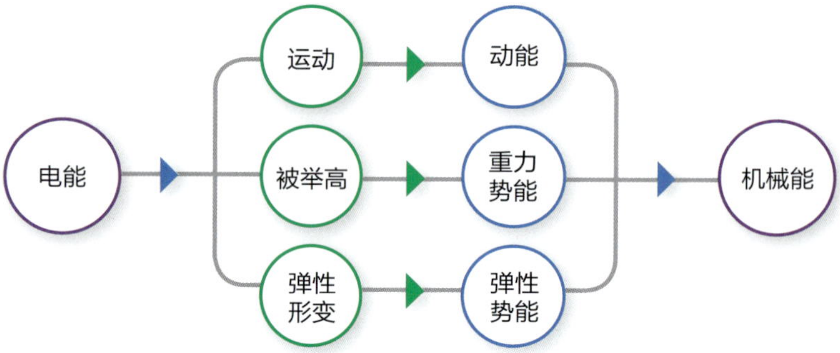

抽水蓄能

这是一种技术成熟、经济性好的大规模储能技术，它需要高低不同的两个水库来实现。

当电力富余时，利用电能将下水库里的水抽至上水库，把电能转化为水的势能储存起来。当电力不足时，把上水库的水释放到下水库，将水的势能再转化为电能。

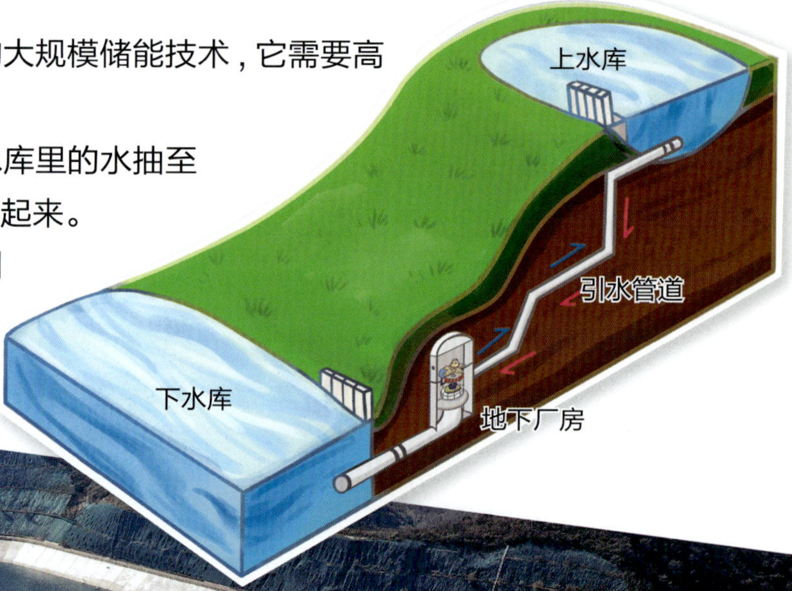

江苏省溧阳市抽水蓄能电站

压缩空气储能

用电驱动压缩机把空气压缩，送入地下的密封罐内储存，被压缩了的空气积蓄了能量。等到需要用电时，再把压缩的空气从密封罐内释放出来，驱动发电机发电。

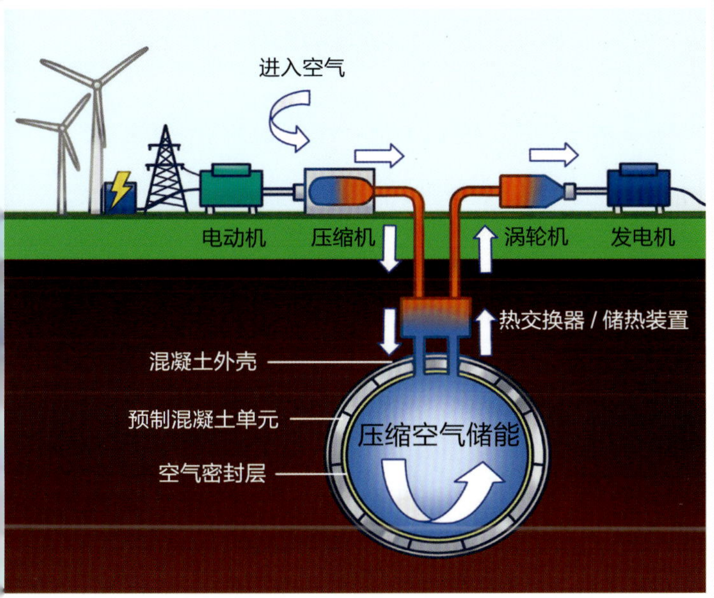

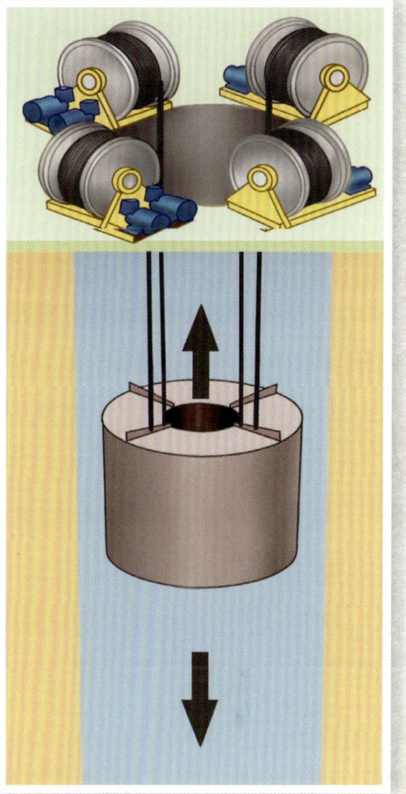

重力储能

利用重物的高度差来进行储能，用电力驱动抬高重物产生势能，需要用电时，将重物放下，就带动发电机旋转将动能转化为电能。

飞轮储能

利用旋转的飞轮来储能。储能时在电力驱动下，飞轮转速加快并积蓄了大量的动能；释放时将飞轮的动能快速转化为电能，飞轮转速变慢。飞轮储能可以在短时间内提供很高的能量输出。

工业降碳
——对症下药方法多

在前面的章节里，我们了解到钢铁、水泥、化工产品等在生产过程中产生的碳排放主要是化石能源使用和工业生产过程造成的。我们需要采取多种办法来减少这些碳排放，主要包括使用零碳电力或零碳燃料替代化石能源，降低工业原料所产生的碳排放，如果这些办法仍不够，可以使用后面章节会讲到的碳捕集利用与封存技术。

工业领域中减碳的难点在于工业过程碳排放，而水泥、钢铁和化工的生产过程各不相同，产生碳排放的原理不一样，所以对于工业过程排放还需要根据不同的情况对症下药。

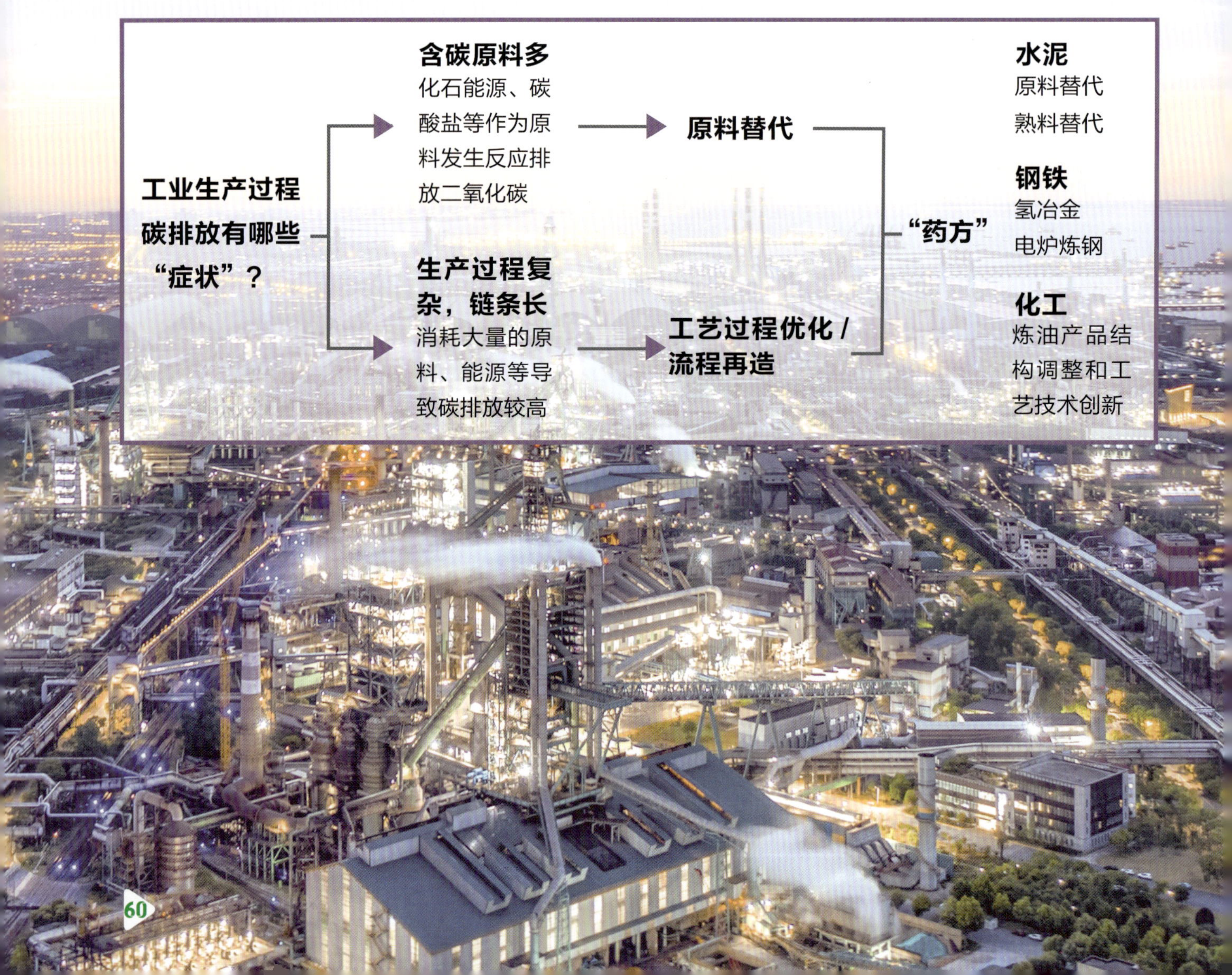

工业生产过程碳排放有哪些“症状”？

- **含碳原料多**
  化石能源、碳酸盐等作为原料发生反应排放二氧化碳
  → **原料替代**
- **生产过程复杂，链条长**
  消耗大量的原料、能源等导致碳排放较高
  → **工艺过程优化 / 流程再造**

“药方”

水泥
原料替代
熟料替代

钢铁
氢冶金
电炉炼钢

化工
炼油产品结构调整和工艺技术创新

水泥降碳寻替身

矿渣

寻找原料石灰石的替代品

石灰石是水泥生产的主要原料，它的主要成分是碳酸钙，高温分解会产生大量二氧化碳，但这种石灰质原料并非必需原料，用不分解或者分解产物不含二氧化碳的原料也可以生产出合格的熟料。

工业生产的固体废弃物，比如电石渣、钢渣、矿渣、造纸污泥等，其主要成分包含氧化钙、氧化硅等，可以替代石灰石等原料，从而减少二氧化碳排放。

石灰石采石场

减少中间产品熟料的使用

要想得到水泥，得先生产熟料，生产熟料的过程也是产生碳排放的主要环节。将深加工之后的混合材料与熟料混合后生产水泥，混合材料可以替代部分熟料，并降低碳排放，适量的混合材料不会降低水泥混凝土的品质。

钢铁减碳变工艺

废钢回炉又成钢

将废钢倒入电弧炉中，然后将顶部三个石墨电极放入熔炉中，强大的电流击穿钢料会发出像放鞭炮一样的声音，同时电弧产生的热量将废钢熔化成钢水重新炼成钢。

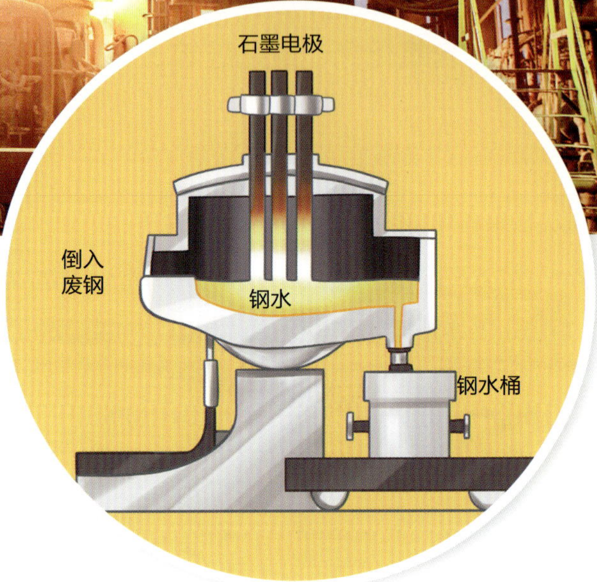

电弧炉炼钢

电弧炉炼钢为何能减排？

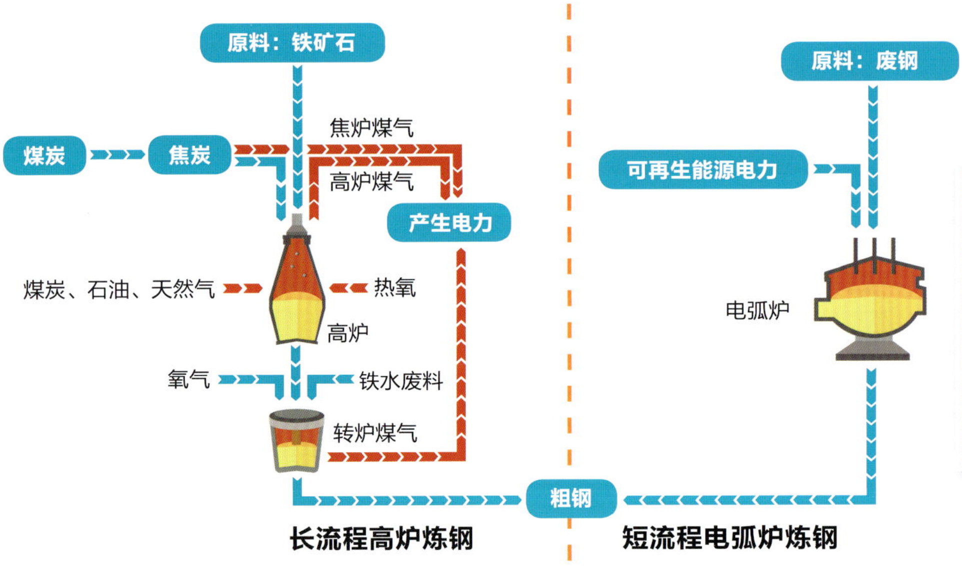

直接采用废钢炼钢，省去炼铁环节，从而减少了碳排放：

· 缩短流程，降低能源的使用

· 减少含碳原料

氢气也能冶炼钢铁

传统的碳冶金： $2C+O_2 \rightarrow 2CO$　　$Fe_2O_3+3CO \rightarrow 2Fe+3CO_2$

第 1 步：焦炭高温燃烧，和氧气（O_2）生成一氧化碳（CO）；

焦炭（主要成分为碳）　　氧气（O_2）　　一氧化碳（CO）

第 2 步：一氧化碳抱走铁矿石中的“氧”，生成二氧化碳和铁。

一氧化碳（CO）　　铁矿石（Fe_2O_3）由 2 个铁原子、3 个氧原子组成　　铁（Fe）+ 二氧化碳（CO_2）

想一想：需要几个一氧化碳分子才能把三氧化二铁分子中的三个氧原子都抱走？

在这个过程中，一氧化碳将铁矿石中的氧原子抱走形成了铁，碳也会参与其中抱走氧原子，同时产生了二氧化碳。其实氢也有抱走铁矿石中氧原子的能力，且不会产生二氧化碳，这就是下面所示的氢冶金。

氢冶金： $Fe_2O_3+3H_2 \rightarrow 2Fe+3H_2O$

炼铁过程中用氢气取代焦炭，将铁矿石中的铁还原出来。

氢气（H_2）由 2 个氢原子组成　　铁矿石（Fe_2O_3）由 2 个铁原子、3 个氧原子组成　　铁　　水（H_2O）

氢气抱走铁矿石中的“氧”，变成水

石化脱碳路径多

石油化工的生产过程长、产品种类多，消耗的能源多，其中化石能源（如煤、石油、天然气等）仍占主导地位，碳排放主要来自反应过程和能源消耗。同时，生产过程还使用了大量化石能源作为生产原料。因此，降低石油化工行业的碳排放需要多管齐下，包括通过技术创新缩短化工产品生产流程、研发更加高效的催化剂等提高生产效率、使用低碳化工原料、发展循环经济，以及采用二氧化碳资源化利用技术等。

1 降低化石能源使用

提高能源利用效率、优化能源系统、燃料替代（工艺供热电气化和可再生能源供热）、增加绿色电力比例等，都可以减少化石能源产生的碳排放。

2 减少过程排放

通过工艺改进、流程再造（短流程化学品生产、产品高端化）、专有设备降低工艺排放等方法，减少反应过程中能源作为原料的使用，从而降低碳排放。

3 碳捕集封存与利用

对部分排放的二氧化碳进行回收利用，如二氧化碳合成利用或者封存到地下，减少碳排放。

多多使用新能源

将更多的风能、太阳能、核能等新能源引入石油化工的生产过程，同时利用新能源生产的绿氢作为一些生产环节的原料，从而降低石油化工生产的碳排放。

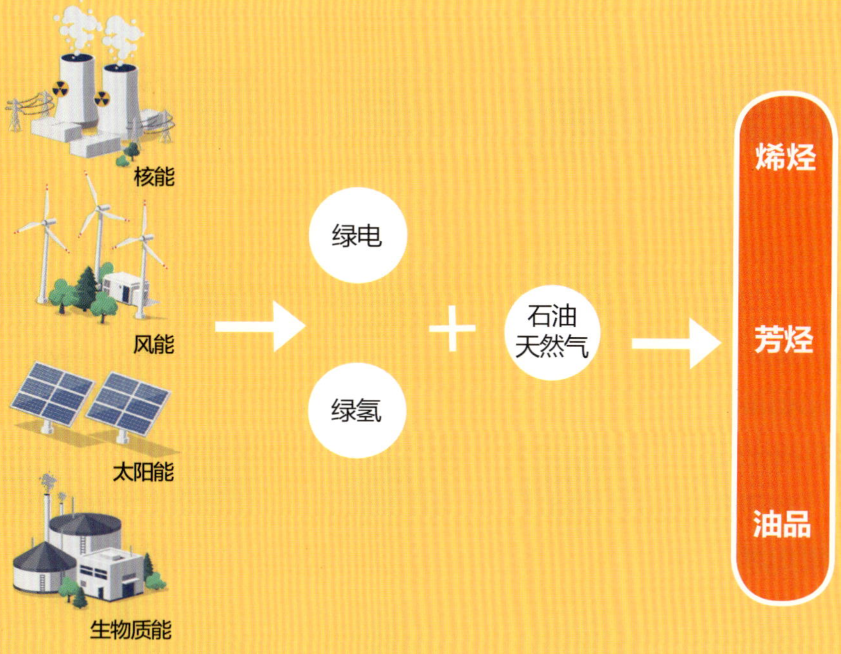

越直接越简单

传统炼油工艺： 原油用来生产成品油或石脑油，石脑油再经过复杂的工艺裂解生成化学产品。这样的工艺生产流程长、能源消耗量高、碳排放量大。

原油直接生产化学品工艺： 相比石脑油裂解工艺，生产流程得到了缩短，能耗降低，二氧化碳排放量减小。

知识小课堂

绿氢应用

绿氢应用是石化工业碳减排的重要技术方向。我国石化行业是氢气的重要应用领域，主要用于合成氨、甲醇、炼油等，但是使用的氢气主要来自煤和天然气等，有大量的二氧化碳排放。绿氢代替灰氢生产绿色化工产品潜力巨大，同时，炼油厂也在使用多种加氢技术降低碳排放。因此，将绿氢应用于石化行业具有广阔的前景。

碳捕集利用与封存——零碳“胜负手”

尽管我们手握众多零碳能源技术和工业降碳技术，但未来仍会使用煤、石油、天然气等化石能源。对于钢铁、水泥等减碳困难的行业，单纯依赖原料与能源替代并不能完全实现零排放。

对于无法完全减排的碳排放，我们需要碳汇吸收大气中的二氧化碳来抵消这些碳排放。最常见的碳汇就是森林和农业碳汇，但无论是森林还是田地里的庄稼，它们的生长都离不开宝贵的土地和水资源，这就限制了农林碳汇吸收二氧化碳的能力。

然而，无须过分忧虑，我们还有终极“胜负手”——碳捕集利用与封存技术！

碳减排和碳吸收的双料选手

使用碳捕集利用与封存技术不仅能够捕集燃煤电厂、钢铁厂、水泥厂和化工厂产生的大量的二氧化碳，而且能够像植物吸收二氧化碳一样直接从空气中捕集二氧化碳。这些捕集的二氧化碳可以加以利用做成各种产品，也可以封存到地下，从而减少向大气中排放二氧化碳或者直接吸收大气中的二氧化碳。

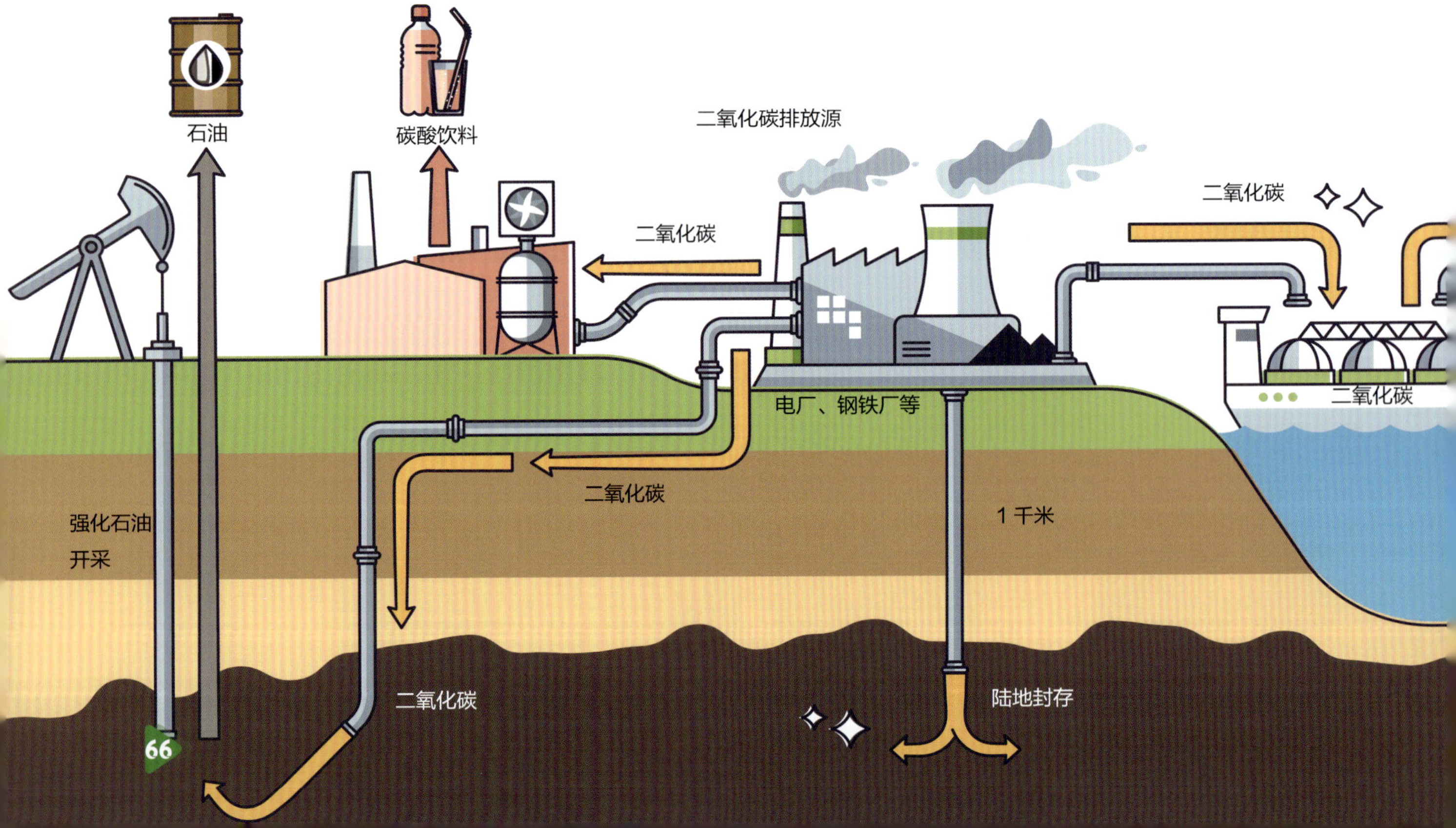

捉拿二氧化碳的“碳捕快”

将二氧化碳捕集起来有很多方法，现在比较常用的是化学吸收法，它会用到一种液体溶液，叫作吸收剂，能够将二氧化碳分子溶解到其中。当含有二氧化碳的气体通过吸收剂时就被溶解到吸收剂中，然后再将这部分二氧化碳进行分解释放，就能够得到高纯度的二氧化碳。

科学家和工程师不仅可以从工厂等源头捕集排放的二氧化碳，而且可以直接捕集空气中的二氧化碳。借助形如巨扇的设备吸入空气，经过精密的过滤和加热处理等一系列复杂过程，就可以分离出二氧化碳。

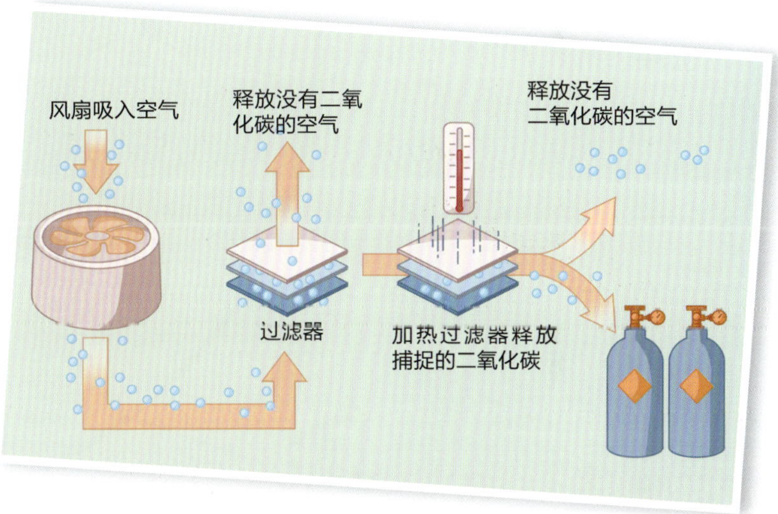

知识小课堂

不同排放源产生的二氧化碳浓度差别很大，例如，燃煤电厂排放气体中的二氧化碳浓度约为 14%，而煤化工产生的尾气二氧化碳浓度可以高达 90%。对于不同浓度的排放气体，我们会采取不同的捕集方法来降低成本、提高效率。你知道空气中的二氧化碳浓度是多少吗？

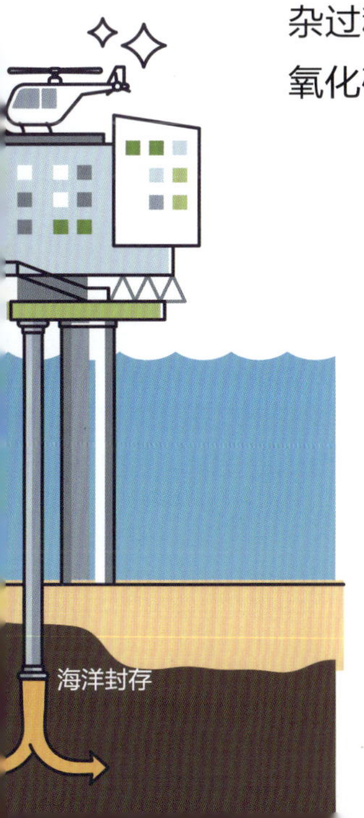

看二氧化碳“七十二变”

二氧化碳还有非常广泛的用途。它不仅是饮料中那令人愉悦的气泡来源，而且常被用作高效的制冷剂和灭火剂，它还能作为生产各种化合物的重要原料，还能被巧妙地转化为建筑材料，为建筑行业带来创新与环保。

此外，它还能在能源领域发挥巨大作用，例如，有些开采多年的油田使用传统方法已经很难采出石油，但是通过注入二氧化碳还可以再多采一些石油出来。

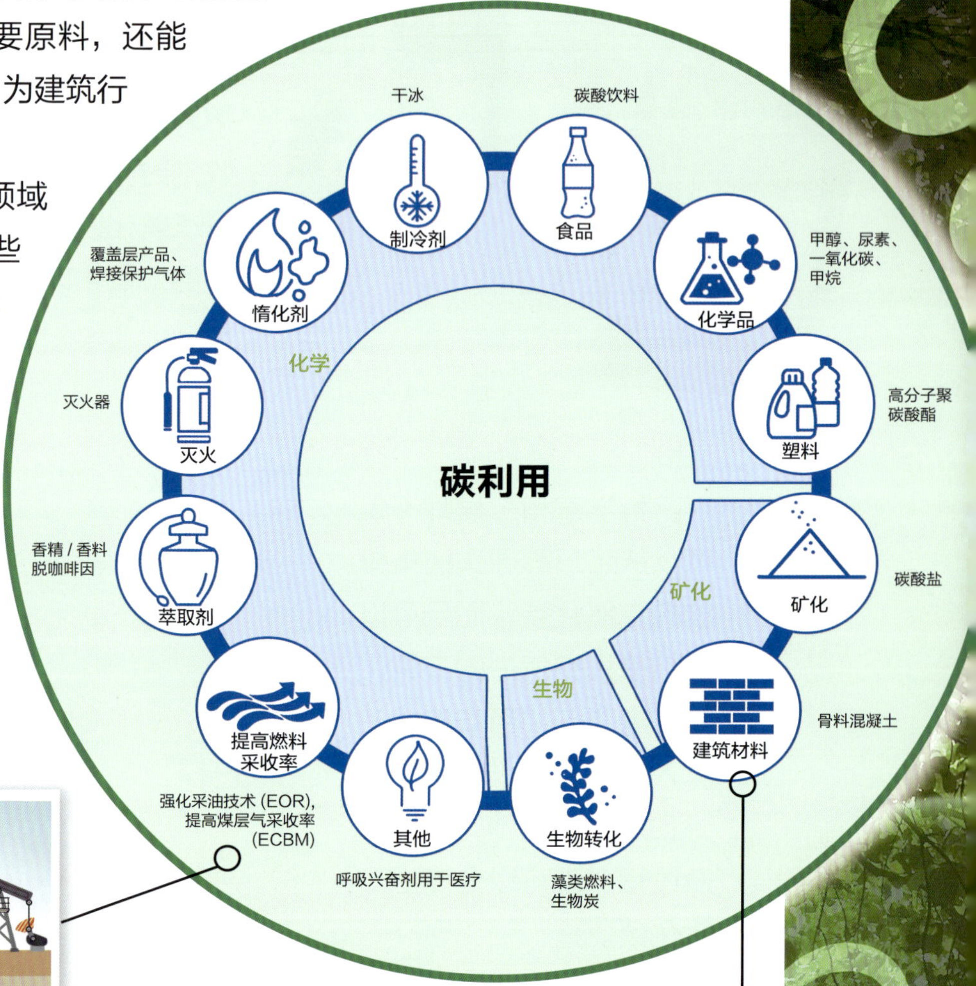

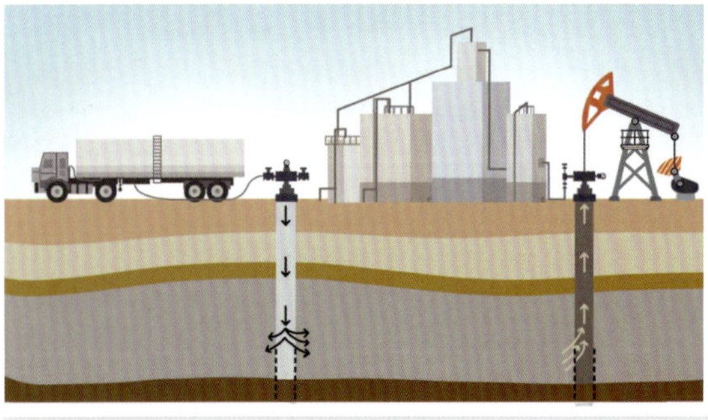

将捕集的二氧化碳注入地层中，把地层中的石油“赶出来”，提高石油采收效率。

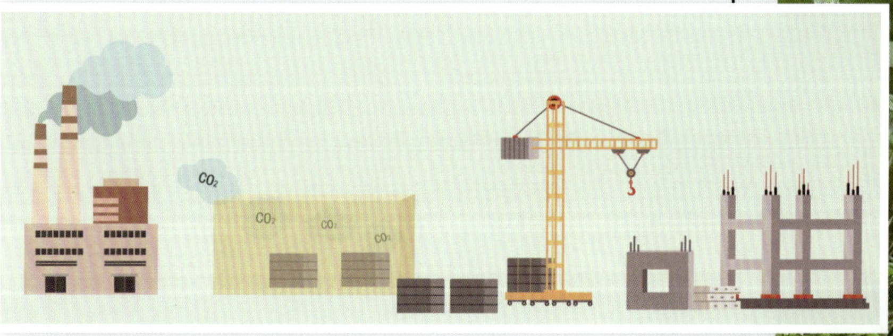

将捕集的二氧化碳与混凝土中的钙、镁等成分矿化结合在一起，既减碳又提升混凝土强度。

把二氧化碳封存到地下

碳封存是将捕集的二氧化碳注入深部地质储层，实现二氧化碳与大气长期隔绝的过程。主要分为三个步骤：

1 找到适宜封存的地点

我们要找到合适的岩层结构，像“三明治”这样的。最上层的岩石和最下层的岩石具有高度的致密性，形成有效的密封层，中间层像海绵，需要有大量的孔隙，以便能够容纳大量的二氧化碳，这样二氧化碳就夹在上下两层致密的岩石之中，不会逃出来。

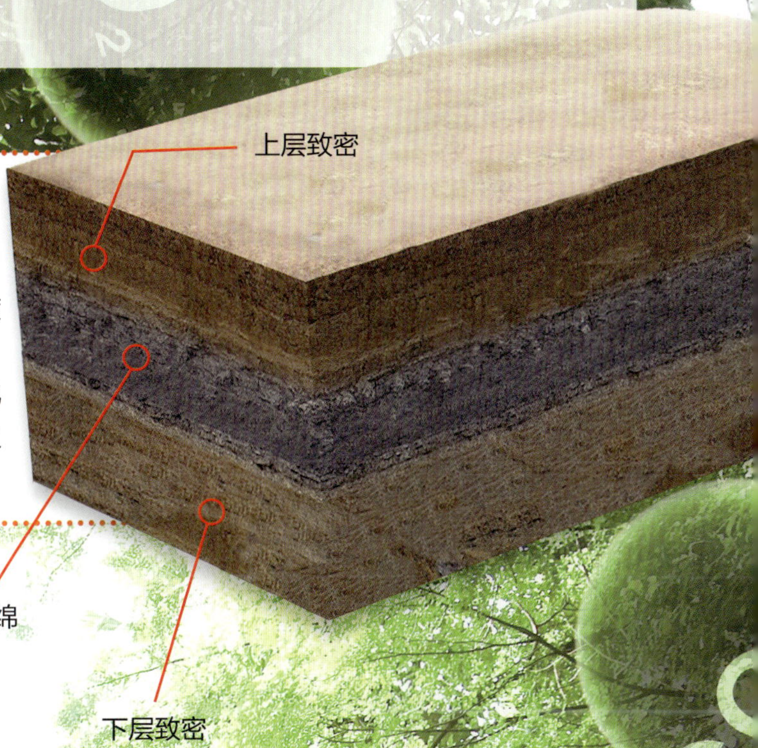

2 往地层中注入二氧化碳

位置选好后，通常需要在地面钻几口深井，通过这些钻井建立一条向“三明治”里输送二氧化碳的通道，这样就可以将捕集的二氧化碳注入和输送到地下了。

3 让二氧化碳与大气长期隔绝

二氧化碳注入地层后，大部分将被顶部的盖层永久盖住，同时一部分被地层孔隙捕获，一部分慢慢溶解在地层水中，还有一部分与岩石和地层水反应，慢慢变成“石头”。

零碳技术总动员

我们认识了众多减碳技术，无论是零碳能源技术、工业降碳技术，还是碳捕集利用与封存技术，都是各有专长的减碳好手。在各项技术不断优化更新、提高自身实力的时候，我们意识到现实中要处理的问题又往往是更加复杂的，常常需要多种技术一起“并肩作战”，在相互配合中很有可能产生“1+1>2”的惊人效果！

想象一下，有了这些技术组合助力，零碳科技将惠及千家万户，让我们的住所更加绿色节能，出行更加低碳环保，我们还能将废弃物转化为宝贵资源，实现真正的变废为宝。

零碳交通
绿色电力
零碳建筑
固碳技术

让绿色电力注满生活

绿色电力是未来零碳能源的核心，它需要各种各样的技术在一起发挥作用才能够实现，包括电力生产、电力输送、电力分配和电力使用等主要环节，每一个环节又包含许多技术。未来，我国风电、光伏等新能源发电量不断提高，储能将发挥不可替代的关键作用。

发电

发电就是生产电力，风、光、水等各种新能源发电方式是未来的主流，火力发电等传统发电技术需要实现低碳发电。储能技术配合新能源发电，让电网稳定运行。多种智能技术、通信和控制技术的应用可以保证各种发电资源得到最大限度的利用。

输电与配电

电网是一张大网，连接着发电和用电，大电网能够大范围传输和调度电力，并根据季节时间的不同进行灵活调度，风、光、水、火等电力能相互高效配合。

在电力的分配使用上，要将电能的收集、传输、存储与分配等多种功能集于一体，这离不开智能技术的大力支持。

用电

随着电气化水平的不断提高，电力的使用越来越多，未来还将呈现继续增长的趋势。同时，用电设备越来越多样化，使用电力的频次和时间都有差别，有些用电设备，比如电动汽车，既用电，也能够给电网充电。智能技术也将发挥重要作用，让发电和用电能够很好地协调。

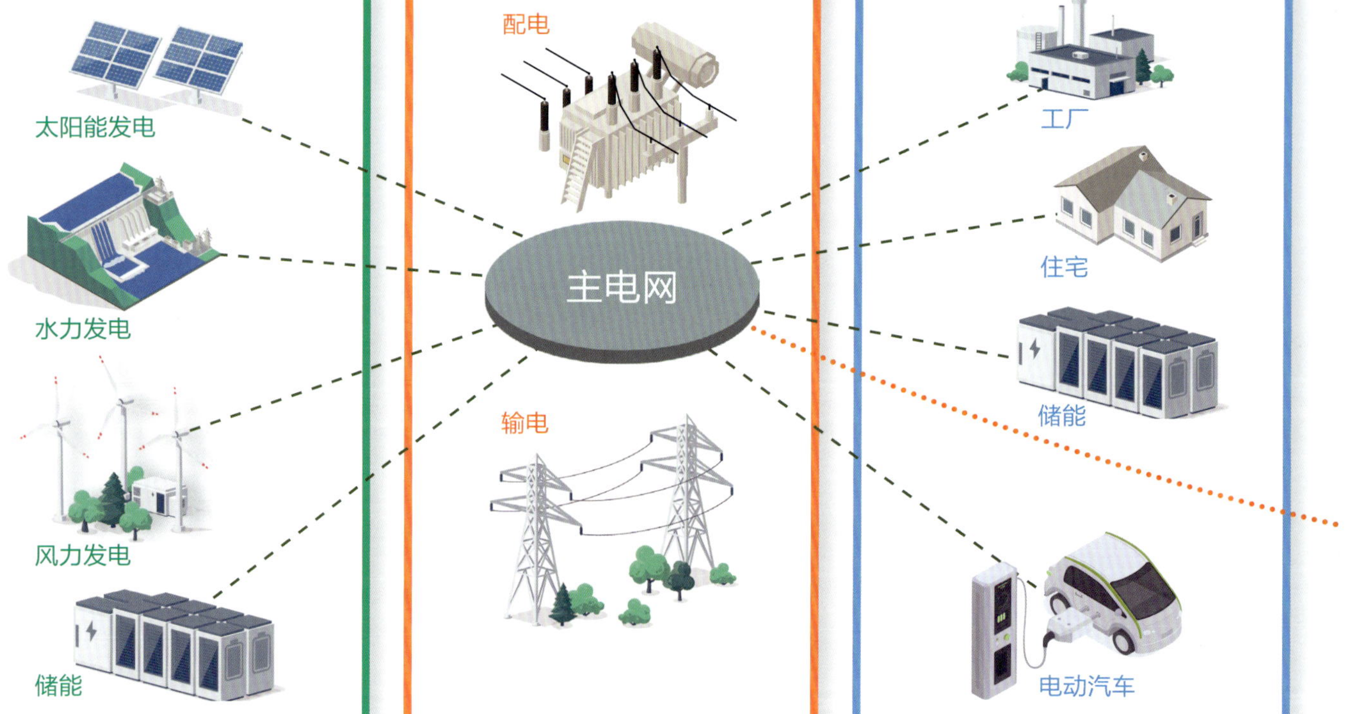

微电网：主电网的有效补充，把电送到边远地区

微电网，是由分布式电源、负荷、储能、变配电和控制系统构成的小型电力系统。微电网与主电网是相辅相成的，尤其在主电网没有覆盖的地区，如岛屿、偏远地区、城市周边、旅游景点等，微电网可以发挥更大的作用，以弥补主电网的不足。

分布式能源的就近利用

微电网内部的电来自光伏及风电等分布式能源。一般情况下微电网的容量较小，电源较为分散且靠近负荷，可以实现分布式电源、储能和用电负荷的协调优化运行及安全稳定控制，同时，也可解决数量庞大、形式多样的分布式电源并网问题。

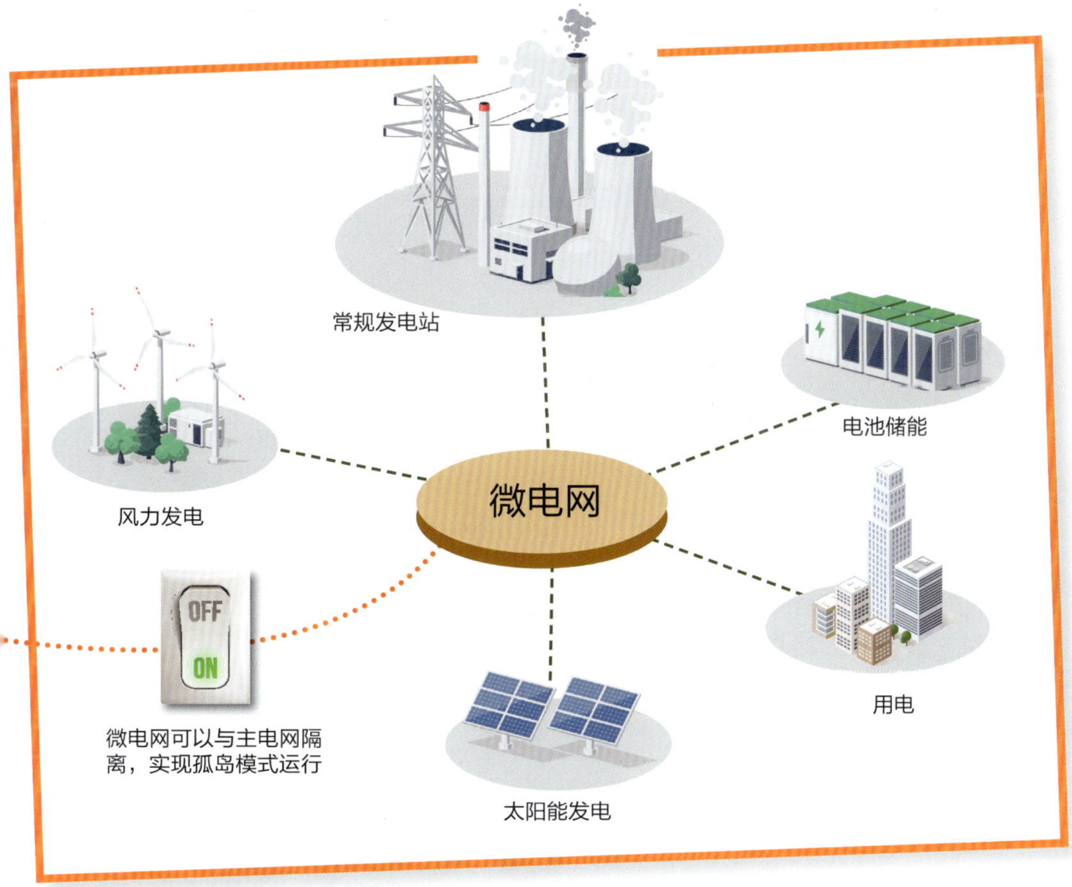

微电网可以与主电网隔离，实现孤岛模式运行

“麻雀虽小，五脏俱全”，微电网具备完整的发电、配电和用电功能，可与主电网连接，也可以独立运行，减少对主电网的冲击。

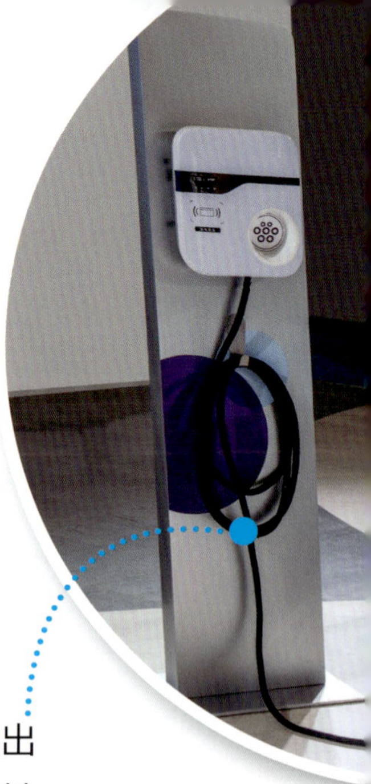

让零碳交通纵横驰骋

零碳交通需要通过多种方式实现，主要包括交通工具的电动化、交通基础设施的建设和使用零碳燃料等，这些与零碳能源技术、储能技术等密切关联在一起，智能技术也必不可少。

1 交通工具电动化

电动汽车、小型电动飞机、电动船舶等电动化交通工具越来越多地出现在我们的生活里，电池技术的发展起到了重要的支撑作用。现在的高铁列车也是由电力驱动的，它从电网中直接获取电能。

2 交通基础设施与零碳能源融合

我们要建设更多便于电动汽车、电动船舶等交通工具充电的基础设施，以及为其他交通工具加注零碳燃料的设施，同时可以充分利用风电、光伏等零碳技术为高速公路服务区等交通基础设施提供零碳电力。

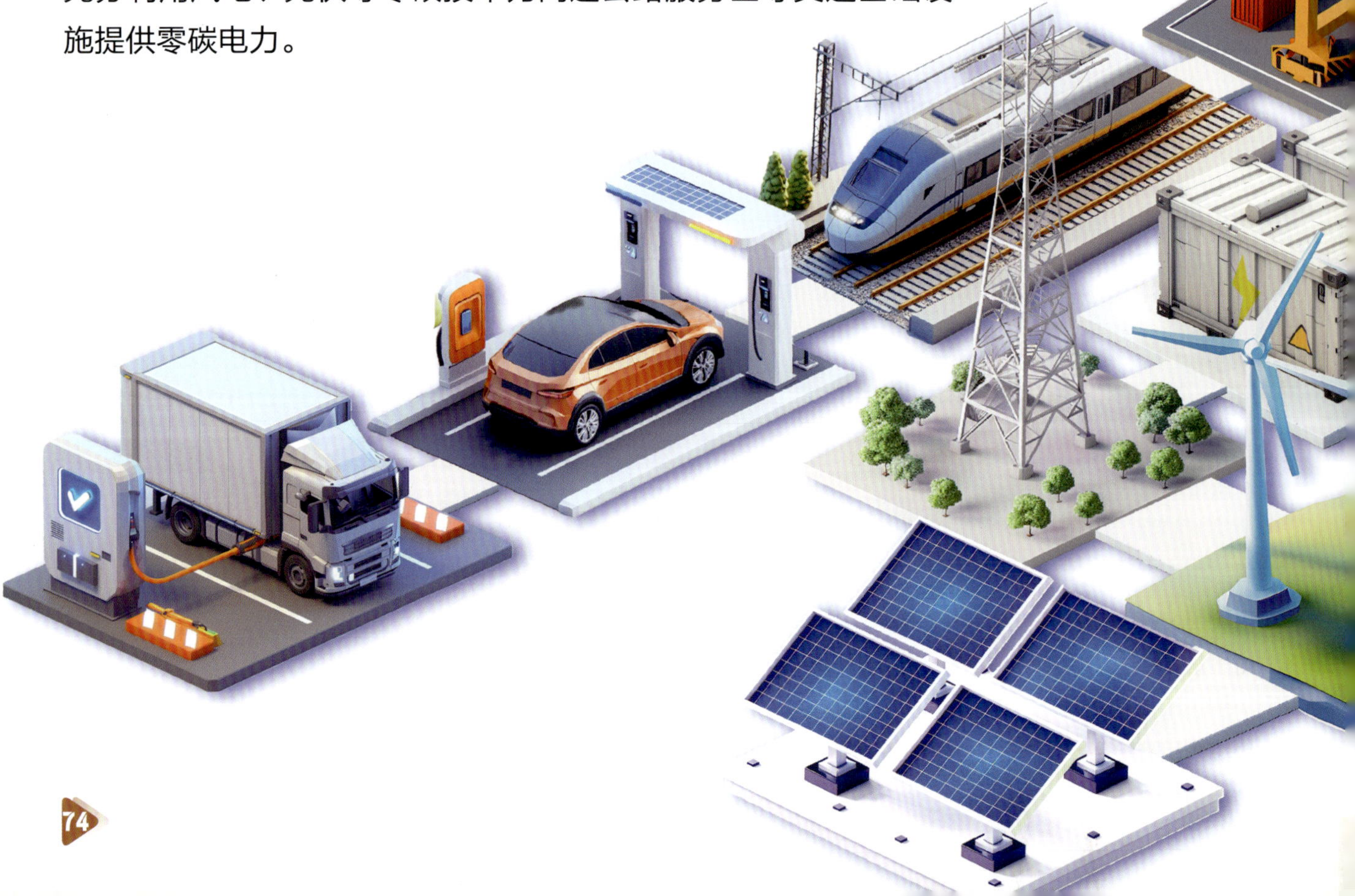

3 使用零碳燃料

还有一部分长途重载的交通工具暂时难以使用电力，比如大型飞机和远洋轮船等，我们可以提供来自绿色工艺的氢、甲醇等零碳燃料，帮助解决这部分碳排放。

以可持续航空燃油为动力的飞机

飞机利用基于生物质制备的可持续航空燃油，实现零碳飞行的目标。

甲醇动力船舶

利用绿色甲醇作为燃料，能够让大型集装箱船远航。

零碳交通黑科技

充电太麻烦，直接换电池

充电站对电池集中存储、集中充电，为电动汽车提供电池更换服务。当电动汽车电量不够的时候可以直接换上一块充好电的电池继续行驶，换电池过程仅需要 5 分钟，像汽车加油一样简便快捷。

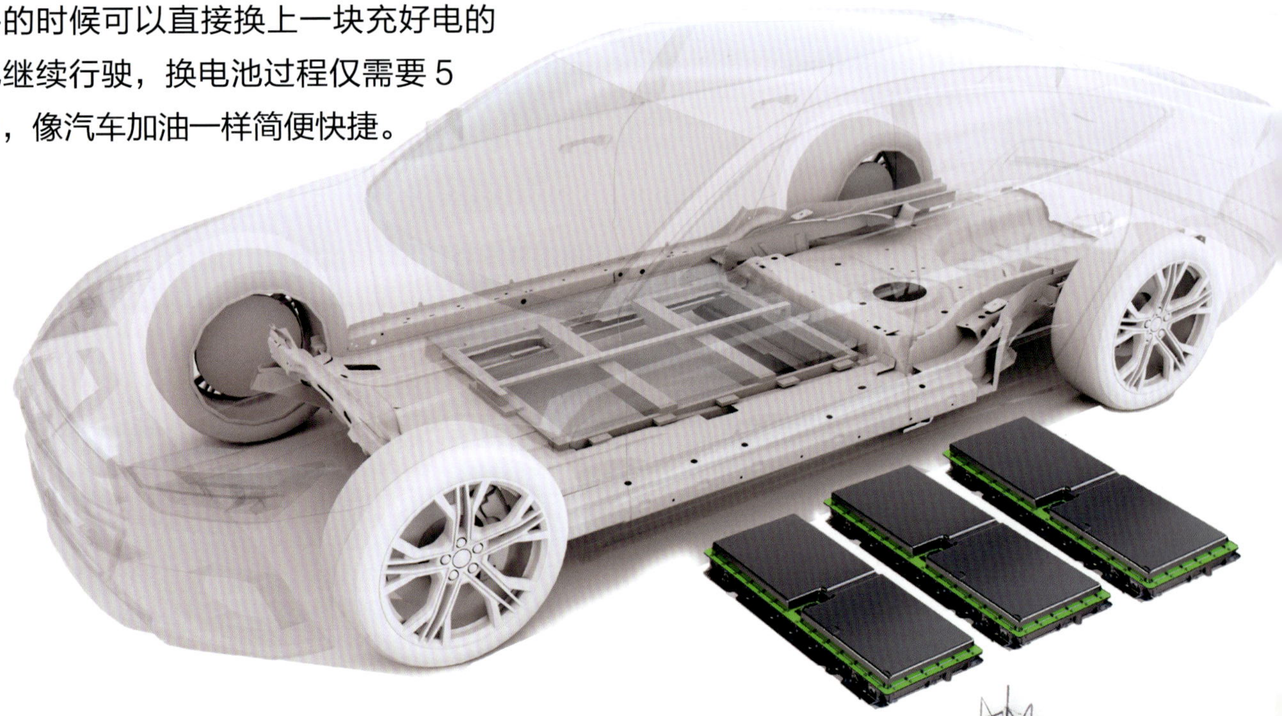

车网互动
——让电动汽车也能供电

电动汽车也可以给电网反向供电！这是车网互动技术（Vehicle-to-Grid，V2G），意思就是电动汽车向电网供电。你可以在电价便宜时给车充好电，在电价高并且不用车的时候，将车里的电卖给电网。

每一辆电动汽车都可以是移动的充电宝，随着电动汽车越来越多，V2G 技术可以帮助电网实现电力生产和使用的平衡。它需要高效的信息通信技术的支持，让电网、电动汽车和发电厂能够知道相互的信息。

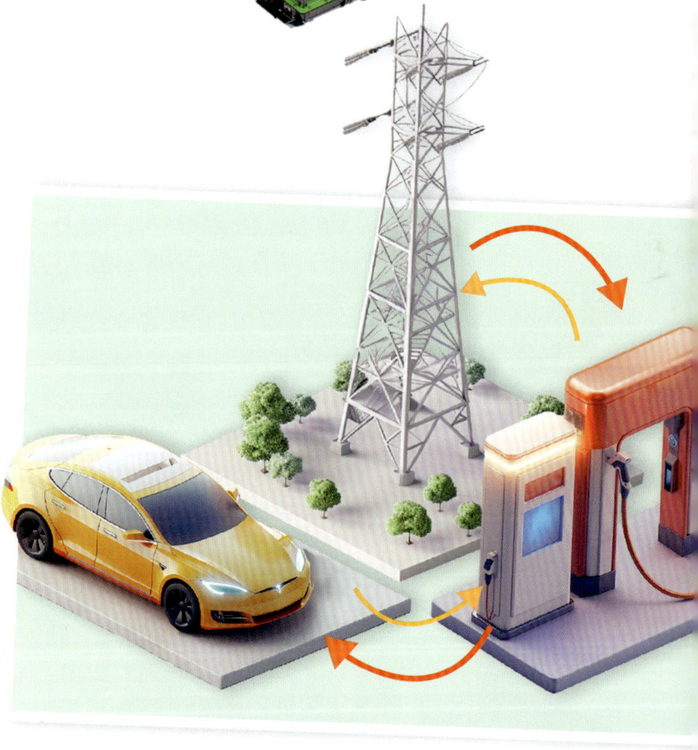

无线充电
——甩掉长长的充电线

电动汽车也可以像手机一样使用无线充电技术，摆脱充电线的束缚，方便快捷！只需要将充电器布置在地上，充电效率基本和有线充电接近，而且能够选择快充或慢充模式。

无线充电道路
——让电动车越跑电越多

如果整条道路都装上无线充电器，当电动车行驶时就可以充电了，再也没有里程焦虑。2023 年我国已经在长春开始进行无线充电道路的测试，相信很快就能体验到这样炫酷的道路了！

看零碳建筑内藏乾坤

建筑是我们生活、学习、工作的重要场所，我们多数时间都会在各种建筑里度过，零碳建筑对于未来零碳世界的建立至关重要。

建筑碳减排最大的挑战在于空调、照明等用能设备的能源使用，这需要零碳能源来发挥作用，同时低碳建材的生产也至关重要，此外，好的用能习惯也起着关键作用。

如何打造零碳建筑

低碳建材： 使用更为绿色环保的新型绿色建材，比如节能玻璃、低碳保温材料等。

绿色施工： 采用装配式建造的绿色低碳建造方式，采用节能型施工设备。

零碳能源： 充分利用可再生能源，如太阳能、风能、地热能、生物质能等；炊事、供暖、热水等用能电气化。

绿色设计： 优化建筑的设计来节能减碳，如采用被动式超低能耗建筑设计，充分利用自然系统维持舒适的室内环境。

→ 你知道吗？

装配式建筑，就像“搭积木”一样来建筑房屋等，需要的柱、墙、楼梯等“零部件”在工厂加工好，然后在工地把它们粘接在一起。

清洁电力：屋顶上，采用风力发电或太阳能光伏板来供应清洁能源。

保温墙体：采用气凝胶——一种黑科技材料，世界上密度最小的固体，具有优异的保温隔热性能。

电池储能柜：当清洁电力卖力发电时存电，阴雨天和风力不足时放电。

知识小课堂

零碳小屋黑科技——光伏建筑一体化

通过与建筑物同时设计、施工和安装，将太阳能光伏发电系统融入屋顶、天窗和建筑物外立面，与建筑物形成完美的统一体。建筑将不再只消耗能源，也能生产能源。

变废为宝 循环成金

之前介绍了很多种零碳技术，那么循环利用也和零碳相关吗？是的！循环利用对碳减排也很重要。大家是否还记得钢铁减碳技术中的电弧炉炼钢？这项技术需要用到废钢铁，如果没有循环利用的理念和技术，这项零碳技术就难以施展身手，所以循环利用也是一部分零碳技术能够发挥作用的前提。

循环利用让我们减少资源和材料的使用，同时也降低了整个生产和使用过程中的能源消耗，从而大大地减少碳排放。

假如没有循环利用

如果没有对废弃物的有效处理与回收利用，物品只能经历一次被使用的历程，被废弃就是它的尽头。不难想象，这样地球一定会变成一个大垃圾场！

循环利用——废弃物品也是大宝藏

废弃物品通过回收、加工、再利用，乃至数次回收与重复利用，生命旅程变成了一个周而复始的环，各种资源在循环中得到了充分利用。

风光储等新能源设备退役潮近在眼前

随着时间的推移，初代风光储等新能源设备的生命逐渐结束，我们即将迎来一批风力发电机、光伏板与动力电池的退役。例如，陆上风力发电机的使用寿命约 20 年，按此估算，我国第一波风力发电机退役高峰将会出现在 2025—2030 年。

工程师正在检查损坏的太阳能电池板

回收用过的电池

退役风光储设备数量巨大并将越来越多

这些退役的风光储设备将变成数量巨大的固体废弃物，到 2030 年我国退役风力发电机产生的固体废弃物可能达到百万吨，给环境和资源带来巨大压力。更加值得注意的是，我国每年新增的风光储设备还在不断增加，未来需要处理的退役设备也将越来越多。如何将退役电池、光伏板、风力发电机等新能源设备进行循环利用，已经成为非常重要的事情！

废弃的风力发电机

电池如何循环利用

电池的循环利用涉及多个环节和专业技术，包括电池评估、物理分离、化学处理、冶炼提取等，目的是减少对原始资源的需求，同时确保环境的安全和健康。

当发现电池性能下降时，需要先评估电池的健康状态，如果健康状态较好，仍然可以用于对电池性能要求不高的场景，这就是电池的梯级利用。如果确实需要报废，就可以进行回收，将电池里的元件进行拆解、材料提取等，最终交由电池生产企业重新制造新的电池使用。

电池的梯级利用与循环回收流程示意图

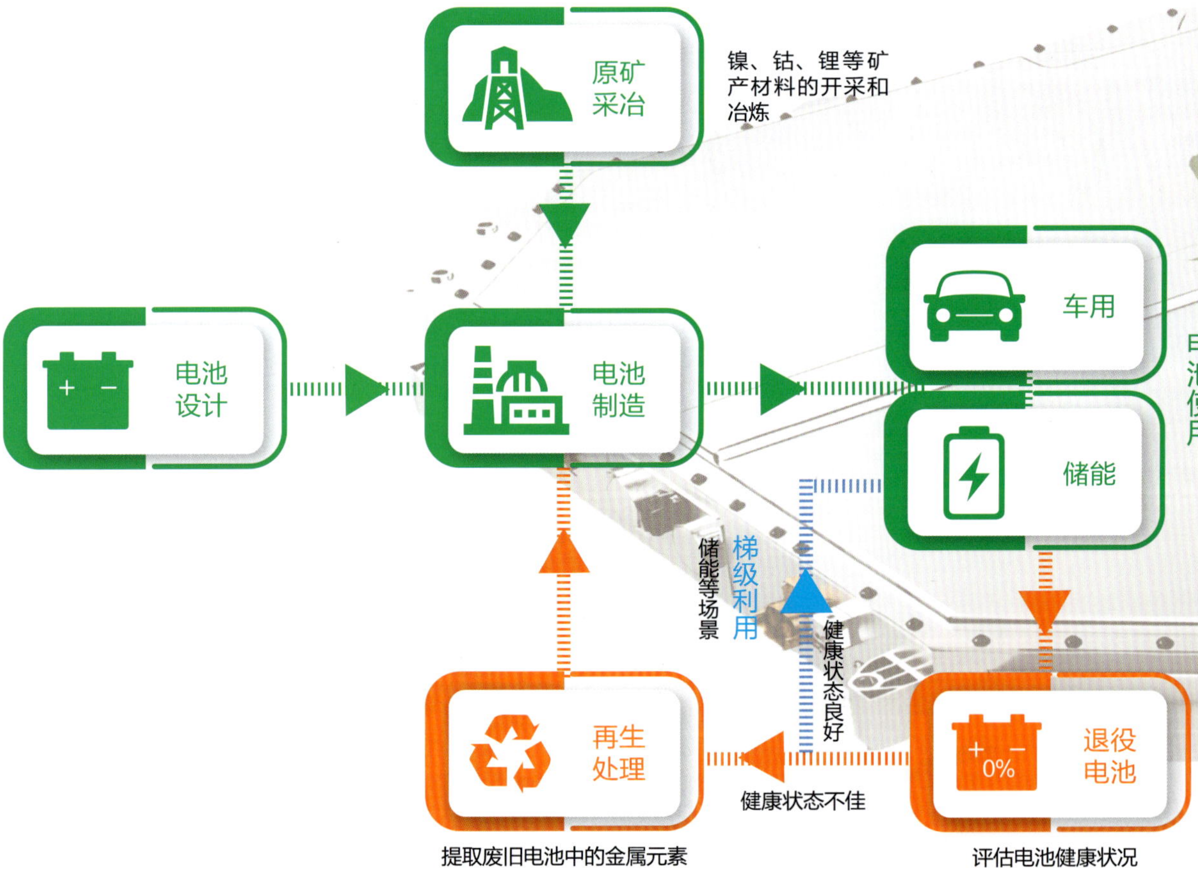

电池回收利用大有可为

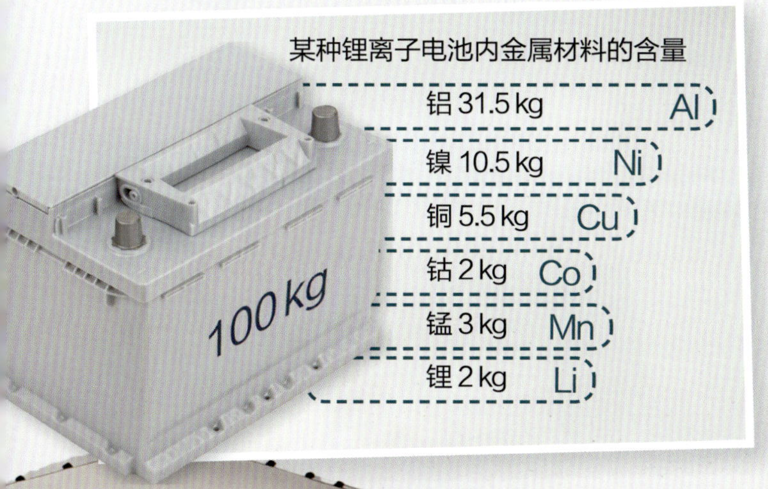

绝大多数材料都可以回收利用

回收率一览

- 锂、铜、铝、铁大于 95%。
- 镍、钴、锰大于 99%。
- 石墨约 90%。
- 塑料外壳、线束等部件可以实现 100% 回收利用。

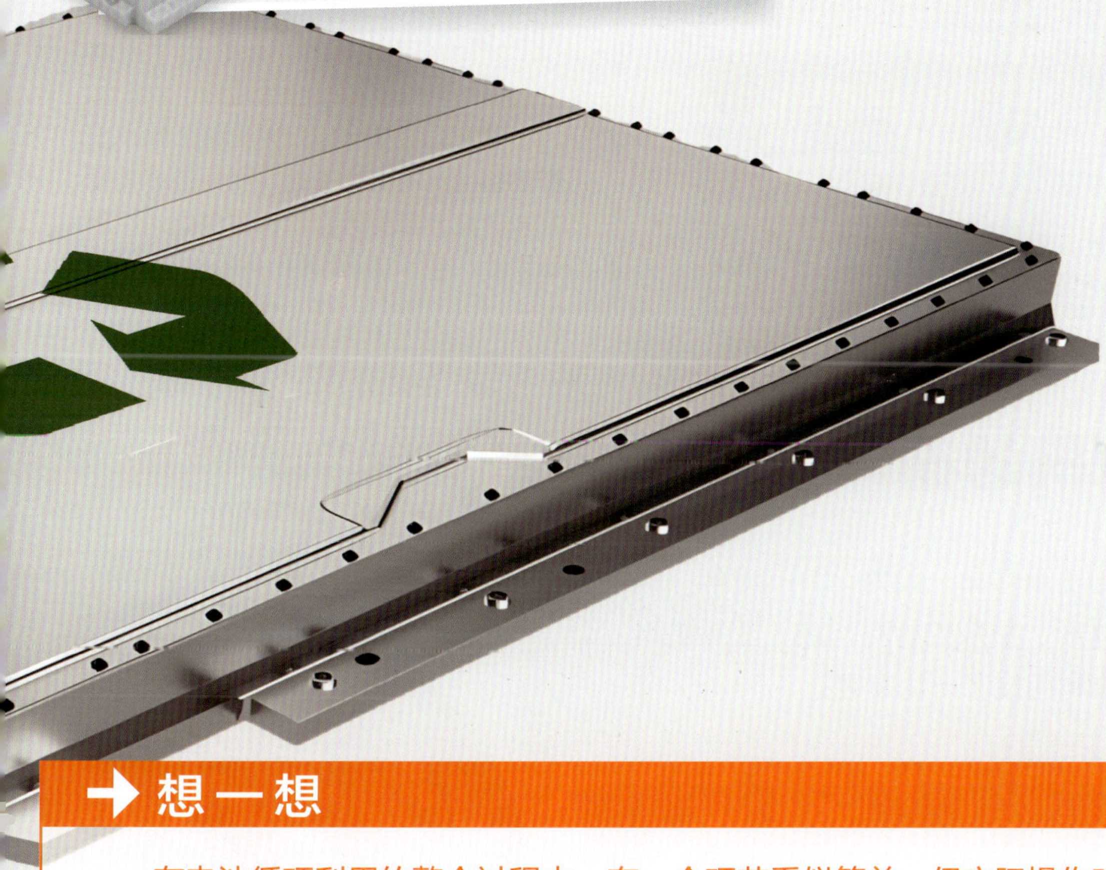

➜ 想一想

在电池循环利用的整个过程中，有一个环节看似简单，但实际操作时却非常困难，那就是废旧电池的收集。

电池的使用是大量而分散的，在城市与乡村的各个角落都会存在。这些电池报废之后，怎样才能把它们收集起来呢？又应该由谁来收集呢？

大家一起来讨论：回收废旧电池还有哪些困难，有没有好办法来解决？

太阳能光伏板回收利用

光伏板的使用寿命一般是 25～30 年，通过科学而高效的回收利用，十几年后光伏组件累计可回收价值可达上千亿元，既有利于节约资源，减少开采，又能带来可观的经济回报。

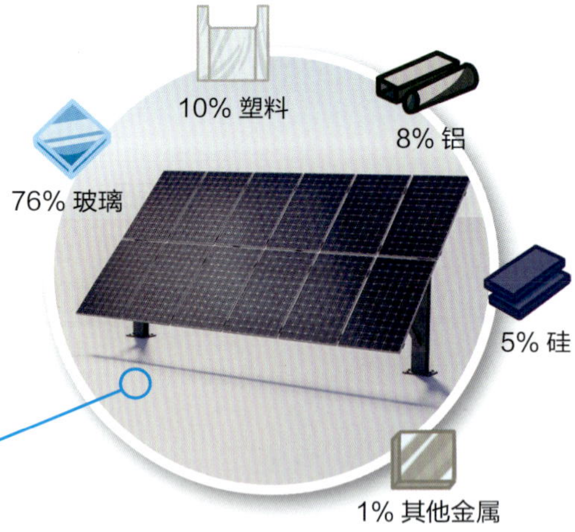

光伏板中各种材料占比

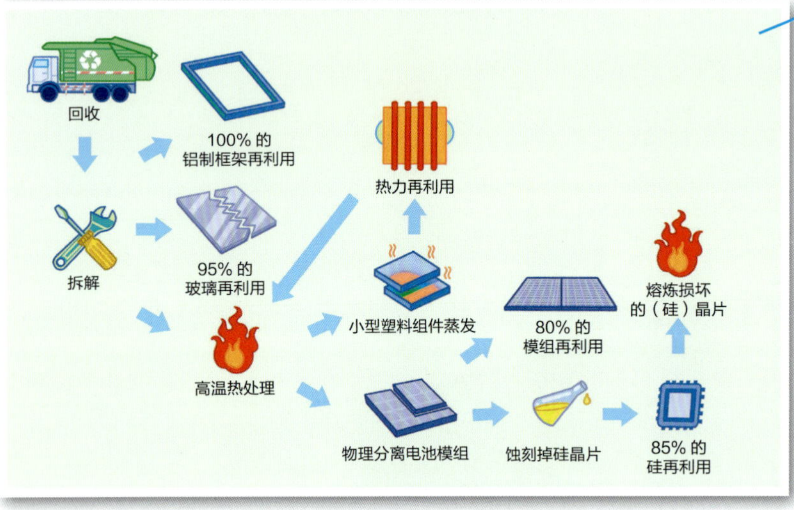

光伏板拆解利用过程主要包括：

拆卸铝制框架、分离玻璃，它们基本上都可以重复使用；光伏板上的小型塑料组件要在 500℃的高温处理下蒸发掉，使其他部件更容易拆解分离；蚀刻硅晶片，熔炼成可重复使用的材料。

风力发电机的循环利用不简单

风力发电机的使用寿命一般为 20～25 年，风力发电机巨大的体形、复杂的材料构成、坚韧的叶片，使得它的回收利用成了一道难题。

◎钢铁 / 铸铁
◎合金（铝、铜等）
◎复合材料（玻璃纤维 / 碳纤维）
◎稀土
◎混凝土

➜ 想一想

看看图中，风力发电机都由哪些材料制作而成？你觉得哪些材料使用得最多，这些材料能被循环利用吗？有什么好办法能够解决庞大的风力发电机给回收利用带来的困扰呢？

资源循环利用的奥秘

生态设计

在生命之初开启循环之路

在产品的设计开发过程中就纳入全生命周期的理念，按照可回收的要求和相应回收标准开展设计与制造。

资源再加工

不抛弃不放弃任何可用资源

废弃资源的再次加工与制造，可以有效减少能源与资源消耗。大量废弃资源纷纷走上“再就业”之路，获得了新生。

高效回收

聪明而快捷地收集废弃资源

慢吞吞的回收方式可解决不了地球上每天都在产生的大量废弃资源！提高回收效率是关键，在开展回收技术研发的同时，也要优化废弃资源的回收与处理过程。

想一想

有哪些你知道的关于产品生态设计、再加工再利用和高效率回收资源的例子？

零碳少年在行动

构建零碳世界需要我们每一个人贡献自己的力量！

可以从身边的事情做起，努力降低自己的碳足迹。一个人的力量也许微不足道，但是大家的行动汇聚起来必定不容忽视。

努力学习更多的知识与技能可以有效武装我们的大脑，未来可以为工厂、建筑、交通等的零碳发展贡献更多的力量。

零碳世界的实现还需要更具创新性甚至颠覆性的未来科技，让我们一起充分发挥自己的想象力与创造力，去发现和创造新科技，打造更加美好的可持续未来！

7 经济适用的清洁能源
11 可持续城市和社区
13 气候行动
12 负责任消费和生产

我的碳足迹

服装在原材料生产、设计制造、运输销售、丢弃回收等过程中都会产生碳排放

食物在生产和交通运输中会产生碳排放

衣食住行的碳排放

燃油汽车、地铁、公交、火车、飞机等在制造和行驶中会产生碳排放

建筑的供暖、供冷、照明等都会产生碳排放

喝瓶装水 1 瓶

CO_2
50g

碳足迹

衣食住行都会产生碳排放，但它们的碳排放量是不同的。

使用空调 1 小时

CO_2
600g

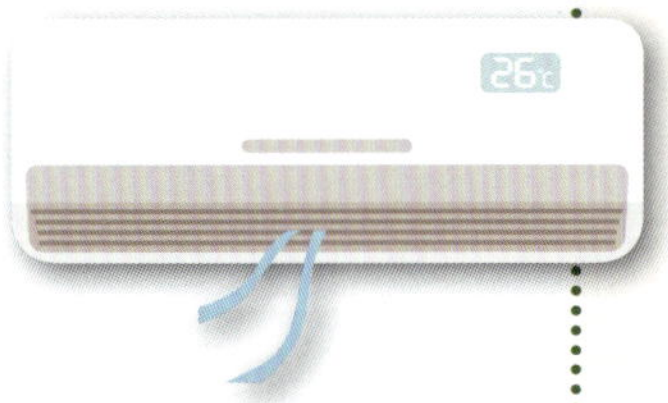

“碳足迹”的英文叫作 Carbon Footprint，它被用于衡量人类生产和消费等活动过程中排放的二氧化碳总量。

拿我们的脚打个比方：爸爸妈妈的脚大，孩子们的脚小，而碳足迹也一样有大有小。想一想，这是为什么呢？

谁会有碳足迹?

一件产品，或者是我们每一个人，都会产生不同的碳足迹，含义也不一样。个人碳足迹指的是个人日常生活中各类活动所产生的碳排放量，主要计算个人日常生活中衣、食、住、行等所导致的排放，包括乘坐汽车和飞机等交通工具产生的碳排放，使用电器和电子产品耗费的电力产生的碳排放等。

产品碳足迹指产品全生命周期内产生的碳排放量。比如一件衣服的碳足迹，是指衣服在原材料、加工制造、设计制作、运输、销售、使用、回收的全生命周期中直接或间接产生的碳排放的总量，其中任何一个环节都不能丢吻。

针对个人碳足迹的计算，目前已有很多网站提供了专门的“碳足迹计算器”，输入一天的衣、食、住、行等相关数据，计算器就会计算出你一天的碳足迹。结合前面所学的知识，讲一讲你打算如何降低自己的碳足迹。

加入零碳大作战
——打造你的零碳玩具

我们在做好自己的事情之余也要作出更大的贡献！努力降低我们自己的碳足迹之后，你会发现未来有很多事情需要我们去做，比如让小区的建筑零碳运行，让交通工具不再有碳排放，让更多工厂的生产过程是低碳甚至零碳的……这些都是大家长大以后要加入的零碳大作战！

现在我们可以来尝试打造一个零碳玩具！

是顶流也是零碳！

杭州亚运会吉祥物“江南忆”——“琮琮”“宸宸”“莲莲”。

使出你的零碳“三十六计”

零碳玩具需要从全生命周期的角度去打造，主要在原料采购、生产、运输、回收与循环利用 4 个环节中减少碳排放。

接下来，让我们结合前面所学的零碳知识和技术，在这 4 个环节中使出你的“三十六计”，设计打造一个“爱你，也爱地球”的玩具吧！

1 寻找材料替代品

在工业发展以前，玩具材料通常是泥土、石头、木头等天然能够获取的材料，它们都是零排放的。随着化学工业的崛起，塑料越来越多地被用来制作玩具。

但是，塑料生产使用石油、天然气等化石能源为原料，在生产过程中产生了大量的二氧化碳。我们可以去寻找更环保、更绿色、更低碳的材料来制造玩具。

小麦、水稻、甘蔗齐上阵

以小麦粉、大米为原料，加水和食用色素，经高温可蒸制彩泥。

用甘蔗提取的植物基聚乙烯是一种植物基塑料，柔软、耐用，同时因其来自甘蔗，减少了传统塑料对化石燃料的依赖。

想一想

如果你要打造的玩具里面含有钢铁等金属材料，那么应该怎样选取原材料，才能让玩具是零碳的呢?

知识小课堂

科学家发明的液体木材，其基本材料木质素是造纸过程中产生的副产品，这种液体木材可以像塑料一样被塑造成各种形态，是百分之百的可降解材料。

2 零碳生产

我们先来看看顶流杭州亚运会吉祥物的生产是如何实现零碳的：

自身的生产工艺流程：裁剪⟶缝纫⟶装配⟶填充⟶整型⟶包装

裁剪：采用手工 + 电剪刀裁剪，代替激光裁剪，不产生烟雾。

包装：使用环保低碳理念简化包装结构，去掉非必要纸盒外包装。

吉祥物的生产工厂：工厂用电采用光伏发电，在屋顶铺建的分布式光伏电站每年将产生约 30 万千瓦时绿色电力，节约标准煤约 88 吨，减少碳排放约 220 吨，相当于种植 1.2 万棵树。

借助工具书、查找网络资料，在老师的带领下，设计出一个玩具的零碳生产方案，看一看你的玩具在生产过程中可以采取哪些办法或者措施来减少碳排放。

3 零碳运输

你的零碳玩具刚生产出来，就接到了订单，一共有四个，分别是：

· 来自隔壁 C 城的“绿色星球”超市；

· 来自本省的低碳科技馆；

· 远在北美洲的“寻梦环游记”小镇；

· 还有一个加急订单，来自邻国的“碳趣寻真”小学。

他们要把玩具作为儿童节的礼物，送给小朋友们。

现在需要设计四条路线，把玩具运输到这四个地方，完成订单。 你可以自主选取四个订单中的一个，结合前面学习的相关知识，设计一条零碳运输路线。

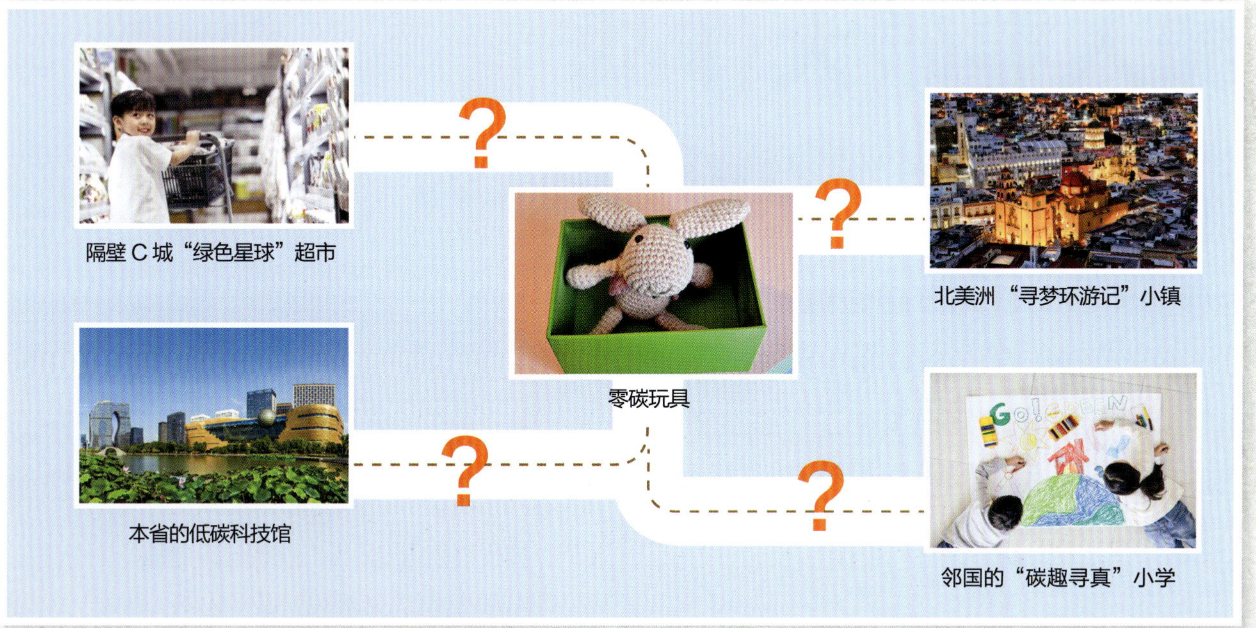

4 没有一个玩具应该被丢弃

有没有想过被你丢弃的玩具呢？这些丢弃的玩具都去哪儿了呢？我们前面学习了循环利用，是不是也可以把我们的废旧玩具循环利用起来？

比如塑料玩具，回收后制成可再生塑料颗粒。以废弃塑料产品作为生产原料，通过物理或化学方法将其重新制成塑料，可以减少对石油生产的原生塑料的依赖。

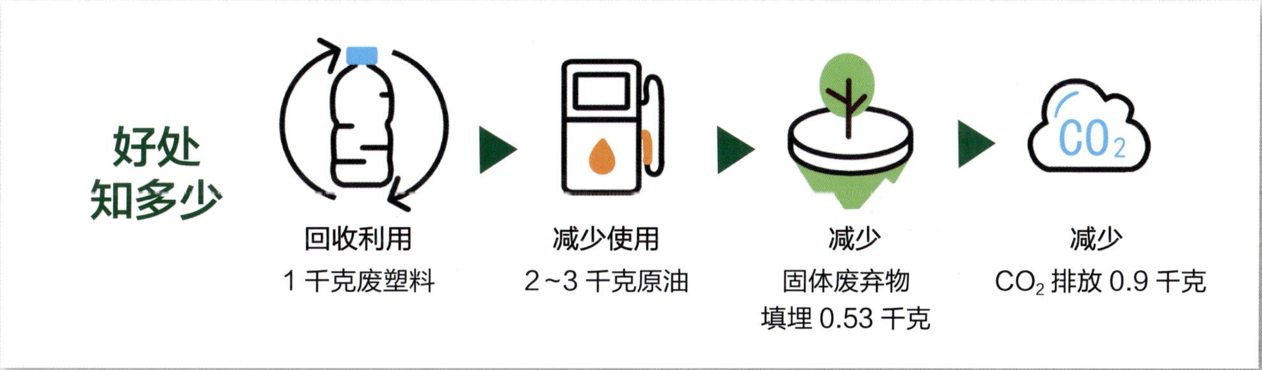

让我们来参加“废弃玩具循环活动”，让每一个玩具不再被丢弃！

挑选一个你很久没玩过的玩具，或者一个你马上就要扔掉的玩具，把它带到你的班级。你可以跟同学们交换玩具，也可以把这些玩具都收集起来，在老师的带领下，找到适合这些玩具的回收平台，让它们循环利用起来！

加入零碳大作战
——“小小卖碳翁”

为什么排放二氧化碳要付钱？

我们想象一下，有一个工厂生产产品在市场上售卖挣钱，但是这个工厂在生产过程中排放了很多污染物，引起周边空气污染，水源也被污染，损害了环境和周边居民的健康。如果这些环境污染和居民健康的损失费用并不需要这个工厂支付，工厂没有付出任何代价，那么这样的污染是不是还会持续下去？

经济学家研究出了一个办法，为了让工厂能够减少污染物排放，就需要把这些污染带来的损失费用，也就是工厂的外部环境受到损失的成本转由工厂来承担，这样工厂才有动力减少污染物排放。怎样才能把这些损失成本转到工厂去呢？这可以给排放定一个价格，要排放就要付费，这样一来，工厂排放的时候就要算算账了。

碳市场就是通过给碳排放定一个价格，让技术先进、排放比同类企业少的企业能够获得收益，而技术落后、排放比同类企业多的企业，就要付出成本，这样鼓励先进、惩戒落后的机制就能够让更多的企业提升技术水平，达到降低碳排放的目的。

2021 年，我国全国碳市场已经正式运行了。

碳市场交易的可不是排放出来的碳

假如在这个市场上有两个企业 A 和 B，每年都会分配一个它们排放的最大量，也就是碳排放配额，超过这个配额，就需要到碳市场上花钱购买。

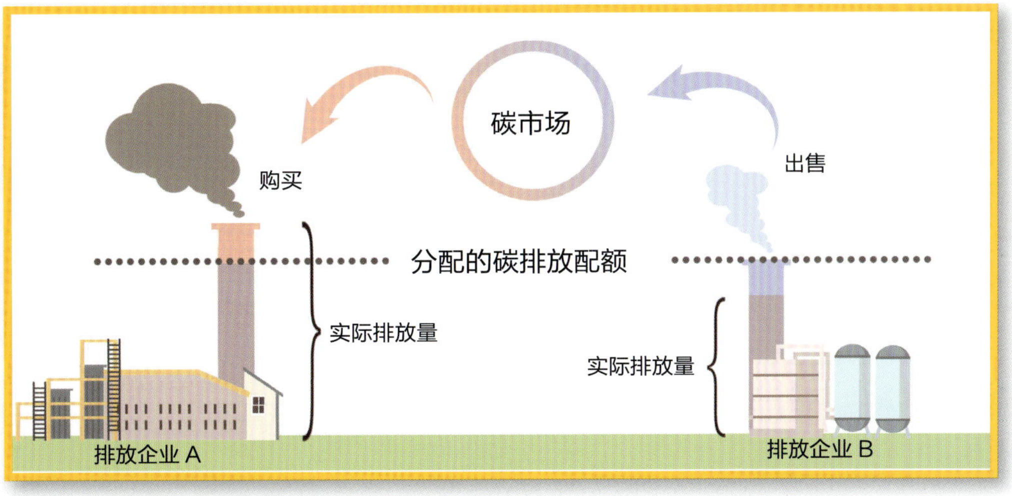

企业 A 和 B 每年碳排放限额都是 10000 吨。企业 A 实际排放了 12000 吨，企业 B 实际排放了 8000 吨。这样企业 A 就需要去市场上购买不足的部分，而企业 B 富余出来的 2000 吨配额就可以拿到市场上卖给企业 A 啦。

从例子我们可以知道，碳市场上交易的可不是排放出来的 CO_2，而是碳排放配额，也可以称为碳排放权。碳交易本质上只有减排 CO_2 能力强的企业才能获益，也就意味着低碳零碳技术的价值。

算一算碳市场带来的好处

假如还是企业 A 和企业 B，它们总共的减排目标是 20000 吨 CO_2，一起来算一算，两种方案下分别需要花费多少钱减排 20000 吨 CO_2？

企业 A，设备老化、效率低。减排 1 吨 CO_2 需要花费 20 元，也就是减排的成本是 20 元 / 吨。

企业 B，喜爱研发零碳技术和产品，减排成本是 10 元 / 吨。

1 方案一

企业 A 和 B 分别都减排 10000 吨 CO_2，总共花费多少钱?

2 方案二

因为企业 A 减排 1 吨 CO_2 的花费是企业 B 的 2 倍，如果让 A 的减排 10000 吨 CO_2 的任务转给 B 来做，会花费多少钱呢?

畅想未来零碳世界

我们的零碳故事到这儿就告一段落了，但你的零碳梦想才刚刚开始！

展望和畅想未来之前，我们有必要从漫长的人类历史长河中回顾人类世界的变迁。可以说，在人类漫长的历史上，能源利用的革新和各种生产生活的科技创新一步一步塑造了过去和现在的世界。

看一看、讲一讲能源和科技的发展在过去是怎样改变人类的生产和生活的，它们是相互影响的吗？

18 世纪
60 年代

1764 年

发电机

迈克尔·法拉第制成了第一个试验电机的模型。

1831 年

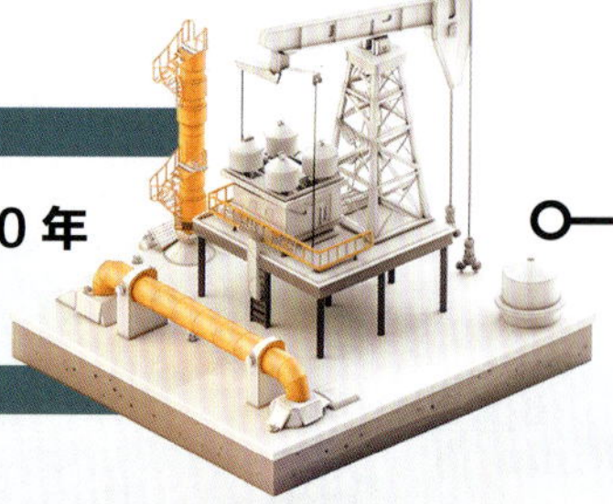

1850 年

电灯

托马斯·爱迪生发明了白炽灯丝灯泡，极大地增强了电灯的实用性。

1879 年

19 世纪
80 年代

交通需求大幅增加

20 世纪 50 年代到 70 年代，使用民用航空的人数迅速增加，汽车运输需求增长迅速；工作和家庭生活中各类技术革新，能源使用量增加，也相应导致了能源消耗和二氧化碳排放量的迅速增大。

20 世纪
50—70 年代

煤炭

第一次工业革命，伴随着蒸汽机的广泛使用，人类开始大规模地开采和利用煤炭。

蒸汽机

蒸汽机的发明将人类带进了工业化时代。

石油

人类走向“新金矿”：石油在不同的工业过程中开始作为燃料和原始材料使用。

天然气

19 世纪 80 年代，高压气瓶的建造推动了天然气的工业开采。

零碳科技点亮可持续未来

可持续发展是既能满足当代人的需要，又不损害后代人满足其需求的发展。联合国制定了面向 2030 年的可持续发展目标，气候行动是其中之一。

请你拿起笔，描绘未来的零碳世界吧！告诉大家你有哪些创新的零碳科技来创造可持续的未来世界！

联合国 2030 年可持续发展目标

城市化与能源

预测显示，随着城市化的发展，到 2050 年，世界城市人口将达到 66 亿，能源消耗量也将随之增大。我们该如何打造未来的零碳世界？

本书部分图片由视觉中国提供。
第 90 页、第 92 页亚运会吉祥物图片由杭州第 19 届亚运会组委会提供。
第 97 页联合国 2030 年可持续发展目标图片由联合国全球传播部提供。